海の生物と環境をどう守るか

海洋生物多様性をめぐる国連での攻防

編著 坂元茂樹・前川美湖

西日本出版社

目次

第3部　海洋生物多様性を守るために——国連におけるBBNJ交渉

はじめに

国家管轄権外区域とは、国際法上どこの国の権限も及ばない区域を意味し、具体的には公海および深海底から構成される。この国家管轄権外区域がなぜ重要であるのか。そこにはマグロやサケ等の水産有用種や、サメやウミガメ等の希少種が多数生息している他、経済的な利益をもたらし得る海洋遺伝資源が多く存在することが知られており、海洋の生物多様性を考えるときに非常に重要な海域であるからである。このような背景の下、国家管轄権外区域の海洋生物多様性（ＢＢＮＪ）の保全や海洋遺伝資源の開発をめぐっては、一九九〇年代より活発に国際的な議論が行われてきた。

これらの議論を受けて国連総会は、ＢＢＮＪの保全および持続可能な利用に関する論点を研究するため、二〇〇四年に非公式オープン・エンド特別作業部会を設置し、二〇一五年まではこの作業部会において検討が継続された。その結果、国連総会は、二〇一五年六月一九日「国家管轄権外区域の海洋生物多様性の保全及び持続可能な利用に関する国連海洋法条約の下での国際的な法的拘束力のある文書の作成」を求める決議六九／二九二を採択した。この決議を受け二〇一六年から二〇一七年の間四回の準備委員会を経て、二〇一八年に政府間会議第一会期（ＩＧＣ1）が開催された。ＩＧＣは二〇二〇年までに計四回の開催が予定されていたが、新型コロナウイルスの感染拡大の影響による延期の末、二〇二二年三月に四回目となるＩＧＣ４が開催されたものの交渉はまとまらず、二〇二二年八月に開催されたＩＧＣ５での条約案の妥結を目指して、各国が連日連夜、大詰めの交渉を行ったものの最終案はまとまらず、ＩＧＣ５は一時的に休会とされ、再度新しく設定された期日で交渉を再開することとなった。なお、ＢＢＮＪに関する一連の会議では、①海洋遺伝資源（利益配分の問題を含む）、②区域型管理ツール（海洋保護区を含む）、③環境影響評価、④能力構築・海洋技術移転、の四つの要素について、一括かつ一体としたパッケージとしての議論が進められている。しかし、海洋遺伝資源に適用される一般原則については、公海自由の原則の適用を支持する先進国と、海洋遺伝資源を人類の共同財産と主張する途上国との間で大きな対立がある他、能力構築・海洋技術移転の義務化の是非についても、先進国と途上国との間に同様の対立が残された状況にある。こうした政府間での意見の相違についての解決策が打ち出されない限り、再開されたＩＧＣ５においてもなお交渉が終了するか不透明な状況である。

これらの海洋に関する国際的な重要課題に対して、笹川平和財団海洋政策研究所は、二〇一五年から二〇一七年まで「公海ガバナンス研究会」を開催するなど、公海における持続可能な海洋の管理およびＢＢＮＪの課題について調査や検討を行ってきた。ＢＢＮＪを包括的に管理するための国際的ルールの策定は、ＢＢＮＪの保全と持続可能な利用を実現するためにも非常に重要な課題であることは、改めて述べるまでもない。にもかかわらず、このようなＢＢＮＪをめぐる議論については、一般的に広く認知されているとはまだ言い難い状況にある。

そこで本書では、ＢＢＮＪの保全と持続可能な利用に関する国連での議論、およびＢＢＮＪ新協定の意義を広く知っていただくとともに、本課題の議論をより深く展開することを目的とし、国家間の交渉の背景となる国際社会の動向や国家管轄権外区域における海洋科学の進展、政府間交渉の近年の動向について、第一線の研究者や専門家らにより解説する。本書が、海洋に囲まれた我が国において、国際的な視野と協調という観点に基づいた持続可能な海洋の管理に向けての一助となれば幸いである。

二〇二二年九月

（公財）笹川平和財団海洋政策研究所
所長　阪口　秀

第1部

国連海洋法条約の展開とBBNJ

1　国連海洋法条約の展開とBBNJ

坂元茂樹

「海の憲法」といわれる国連海洋法条約

地球表面の七〇％を占める海洋に関する秩序は、長らく、沿岸国の安全等を確保するために沿岸国の主権を認める狭い領海（三カイリ）と、それ以遠の海をすべての国の自由な使用に開放する広い公海という異なる二つの考え方で形成されていた。これを規律する海洋法は、国際法のもっとも古い分野の一つである。

一九五八年の第一次国連海洋法会議は、領海条約と公海条約を採択し、先の異なる二つの考え方に基づく海洋秩序の法典化に成功した。沿岸国は、領海において主権を有し、漁業の独占権をはじめ、資源開発や安全保障上の包括的な権能が認められた。しかし、同会議は、伝統的な領海三カイリ規則に代わる新たな領海の幅を確定できなかった。このほか、国際協力による公海の漁業資源の保存を目的とする漁業資源保存条約と第二次世界大戦後に新たに生じた大陸棚における海底石油の開発問題を解決するための大陸棚条約が採択された。米国の海岸に隣接する公海の下にある大陸棚にある天然資源は米国の管轄に服するというトルーマン宣言（一九四五年）以来、各国はこれにならう主張を行った。

一九六〇年代に生じた石炭から石油へというエネルギー革命が、これに拍車をかけた。大陸棚条約は、国際法上の「大陸棚」の定義として、水深二〇〇mまでのもの、またはその限度を超える場合には天然資源の開発を可能にする限度までのものとの定義を採用した。

一九六〇年の第二次国連海洋法会議は、領海の幅の解決をめざして開催されたが、各国が六カイリと一二カイリで対立し、再びその確定に失敗した。また、大陸棚についても新たな動きが生じた。石油需要の高まりは、二〇世紀中には水深二〇〇mまでの開発がせいぜいであろうとする大陸棚条約の起草者の意図をはるかに超えて、先進国の開発能力を高めていった。一九六〇年代半ばになると、水深五〇〇〇m前後の海底に、希少金属を含有するマンガン団塊という新たな資源の存在が明らかになり、大陸棚の範囲を明確にし、それ以遠の海底は大陸棚とは異なる深海底制度を樹立すべきだとの提案がなされた。

他方、伝統的な海洋秩序の中核をなしていた公海自由の原則における漁獲の自由も、漁獲能力をもつ先進国とそれが乏しい途上国の間では、形式的平等は確保されていても、実質的平等にはほど遠い実態であった。そうした中で、一九七二年にカリブ海諸国が、次いでアフリカ諸国が、沿岸二〇〇カイリまでは沿岸国が生物資源（魚類）・非生物資源（石油などのエネルギー資源）について排他的管轄権をもつとの経済水域の概念を主張した。

こうした中で、翌一九七三年から第三次国連海洋法会議が開催され、一〇年の交渉を経て、一九八二年に国連海洋法条約（以下、ＵＮＣＬＯＳ）が採択された。同条約により、はじめて領海の幅は一二カイリで統一された。さらに領海の外側一二カイリに、通関上、財政上、出入国管理上または衛生上の法令違反防止のために沿岸国が必要な規制を行える接続水域が認められた。そして、沿岸国が二〇〇カイリまでの水域の天然資源に対して主権的権利をもち、人工島、施設および構築物の設置、海洋の科学的調査（ＭＳＲ：Marine Scientific Research）、海洋環境の保護および保全に対し管轄権をもつ排他的経済水域（ＥＥＺ：Exclusive Economic Zone）という新たな海域が認められた。主権的権利とは、排他的で独占的な権利という意味である。大陸棚の範囲については、三五〇カイリまでの延長大陸棚を除いて、二〇〇カイリの距離基準が導入された。それ以遠においては、深海底とその資源を人類の共同財産（ＣＨＭ：Common Heritage of Mankind）とし、国による一方的開発を禁じ、国際海底機構（ＩＳＡ：International Seabed Authority）が一元的に管理する深海底制度が創設された。

また、伝統的な公海制度を支えてきた公海自由の原則と船舶の旗国主義という二つの原則も、海洋生物資源の保全と持続的利用のために、海洋の自由という自由放任（レッセフェール）的管理からさまざまな条件を定めた海洋の管理に取って代わられた。公海はかつての「自由の海」から「共同管理水域」へとその性格を変容した。マグロなどの魚種への公海漁業の規制にあたってきた地域的漁業管理機関（ＲＦＭＯ：Regional Fisheries Management Organization）は、かつて国際社会の支配的利益とされた漁獲の自由に代わり、生物多様性の保護および保全という新たな国際公益の維持の役割を担わされるようになった。

ＵＮＣＬＯＳは、秩序形成の基盤として、それぞれの海域に対する沿岸国とその他の国の権利義務を定める海域区分の考え方を採用し、また航行、漁業、資源開発、海洋環境の保護、ＭＳＲという事項別規制の方式をとっている。公海における航行の規制実現の方式としては、船舶の旗国主義が採用

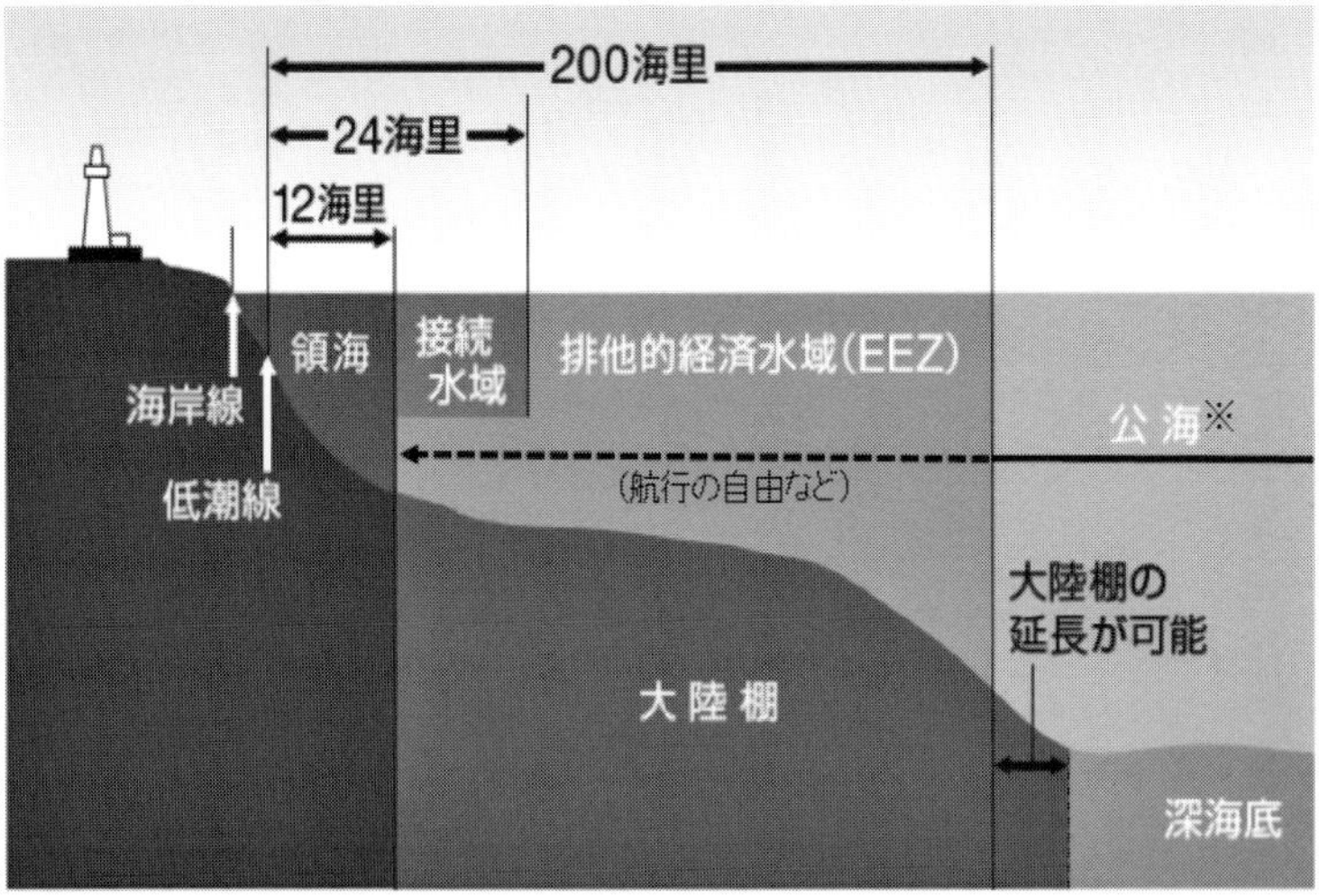

※国連海洋法条約第７部（公海）の規定はすべて、実線部分に適用される。また、航行の自由をはじめとする一定の事項については、点線部分にも適用される。

図：領海・排他的経済水域等の模式（出典：海上保安庁ホームページ、https://www1.kaiho.mlit.go.jp/JODC/ryokai/zyoho/msk_idx.html）

されている。船舶は人と同じように国籍を有し、その国籍国（旗国という）は船舶の運航管理に責任をもち、船舶はその国の管轄の下に置かれ、その国の法令が適用される。たとえば、公海上の船舶で殺人が起これば、船舶の旗国の刑法で犯人は裁かれることになる。

ＵＮＣＬＯＳは一六八カ国の締約国を有する普遍的な条約であり、その規定の多くはすべての国を拘束する慣習国際法であり、ＵＮＣＬＯＳの非締約国に対しても慣習国際法として拘束している。なお、国際法の世界では慣習国際法のみがすべての国を拘束し、条約は条約当事国を拘束するにすぎない。日本国憲法第九八条がいう「日本国が締結した条約及び確立された国際法規は、これを誠実に遵守することを必要とする」というときの「確立された国際法規」

は、慣習国際法を指す。こうした領海、接続水域、ＥＥＺ、大陸棚、公海、深海底などの海洋に関する諸問題について包括的に規律するＵＮＣＬＯＳは、「海の憲法」とも呼ばれる。

このＵＮＣＬＯＳは、新しく生じた課題に対して実施協定という別の条約を締結することで、その規律を拡大している。ＵＮＣＬＯＳへの先進国の加入を促すために、ＵＮＣＬＯＳの発効直前に同条約第一一部（深海底）とその関連附属書を実質的に「修正」した一九九四年の深海底制度実施協定に続き、一九九五年に国連公海漁業協定という第二の実施協定が締結された。同協定は、二〇〇カイリをまたいで生息するタラ、カレイなどのストランドリング魚類やマグロ類などの高度回遊性魚類に対する保存管理措置を定めた。同協定は、漁業資源の保全の観点から、生態系アプローチや予防的な取組方法を採用した。言葉を換えていえば、地球全体の生態系を一つのシステムと捉えた場合、海洋法が依拠する領域的アプローチの限界を示す考え方を採用したといえる。同時に、ＵＮＣＬＯＳの「実施協定」は、「実施協定」という文言にも関わらず、ＵＮＣＬＯＳが採用したアプローチとは異なるアプローチを受容し得る性格をもつ条約ともいえる。

ところで、二一世紀になり、ＵＮＣＬＯＳの起草時には認識されていなかった新たな問題が生じている。一つは海洋遺伝資源（ＭＧＲ：Marine Generic Resources）の開発問題であり、もう一つは海洋保護区（ＭＰＡ：Marine Protected Area）の設定問題である。現在、こうした問題を解決すべく国家管轄権外区域の海洋生物多様性の保全および持続可能な利用（通称、ＢＢＮＪ）に関する第三の実施協定締結のための政府間会議が開催されている。

ＢＢＮＪとは何か

ＢＢＮＪとは、国家管轄権外区域の海洋生物多様性（Marine Biological Diversity of Areas Beyond National Jurisdiction）の略称であり、国家管轄権外区域を総称して、ＡＢＮＪ（Areas Beyond National Jurisdiction）という。

ここでいう海洋生物とは、ＵＮＣＬＯＳ締結時に十分認識されていなかったＭＧＲである。ＭＧＲに対する国際社会の認識は、一九七七年に米国の潜水艇アルビン（Alvin）号が、ガラパゴス諸島沖深海底で熱水噴出孔（チューブワーム）を発見したことが最初とされる。その後、この熱水噴出域にはさまざまな微生物が存在していることが判明した。

われわれがよく知っている微生物は、カビ、細菌、酵母、藻類であるが、海洋水塊中にはさまざまな微生物が存在していることが判明した。米国クレイブ・ベンダー研究所による海洋微生物のゲノム解析プロジェクトは、二〇〇四年に始まり、地球を一周し二〇〇マイルごとに二〇〇から四〇〇リットルの海洋水のサンプルを採取し、すでに二九〇〇万遺伝子を収集しているといわれる。こうした発見により、ＭＧＲに対する国際社会の関心は次第に高まっていった。

日本の海洋研究開発機構（ＪＡＭＳＴＥＣ）でも、有人潜水調査船「しんかい６５００」などを利用した研究調査が行われてきた。そして、すでに日本のＥＥＺ内で、耐熱性アガラーゼ（駿河湾深度二四〇六ｍ）、トレハロース製造用酵素（相模湾深度一一七四ｍ）、食品成分分析用酵素（駿河湾深度、二四〇六ｍ、

図　有人潜水調査船「しんかい6500」が深海の熱水噴出孔の調査をしている様子（©JAMSTEC/NHK）

二四〇九ｍ）、溶菌酵素（相模湾初島南東沖深度八五六ｍ）、リグニン分解酵素（駿河湾深度二六〇ｍ）などを発見している。これらは、現在、研究用試薬や薬品などの製造に用いられている。

ただし、多様な海洋環境中の微生物の培養は困難で、培養が可能なのは全体の〇・一％で九九・九％は培養が困難とされる。そこで、培養をいったんあきらめて培養しないで遺伝子をまとめて解析し、ＤＮＡを抽出して断片化して大腸菌に導入し、スクリーニングして有用遺伝子が導入されたコロニー（大腸菌）を選択して有用酵素を獲得するという、得られた遺伝子情報を整理して意味のある情報（有用遺伝子）を取り出す方式が採用されている。ただし、こうしたメタゲノム解析の場合、一〇〇〇万から一〇億塩基対のＤＮＡ配列を分析する必要がある。最近では、シングルセル解析（一つの細胞に含まれる全遺伝子の発現量を定量解析する方法）の手法も開発されている。つまり、ＭＧＲの場合、そのサンプルを採取したからといっても意味はなく、それを解析し有用遺伝子を抽出する技術が必要となる。しかし、こうした解析手法を考えた場合、現実には科学的知識の偏在が国際社会には存在する。米国、ドイツ、日本といった先進国の科学技術と途上国のそれとは大きな隔たりがある。こうした科学技術の差が、MGRに対する法原則の対立、すなわち先進国による公海自由の原則の適用の主張と途上国によるCHM原則の主張の対立の根底にあるように思われる。

なお、BBNJの問題については、その重要性から多くの国々が関与できるフォーラムとして国連総会が議論の進展に節目ごとに関与してきた。国連にはUNCLOSの事務局として機能する国連海事・海洋法課（DOALOS）があり、法的整理にあたってその援助を受けられるという利点がある。

二〇一一年の国連総会第六六会期の総会決議（A/RES/66/231）は、国家管轄権外区域の海洋生物多様性の保全と持続可能な利用について、概略、利益配分を含むMGR、MPA、環境影響評価（EIA：Environmental Impact Assessment）、能力構築と海洋技術移転の問題について、一括してかつ包括的に検討し、UNCLOSのもとでの多国間協定の策定の可能性を含む、既存の枠組み実施におけるギャップを特定することを決議し、国家管轄権外区域における海洋生物多様性の保全と持続可能な利用のための法的枠組みの問題について効果的に対応するプロセスを開始することを命じた。

さらに、この問題に関し、二〇一二年六月の国連持続可能な開発会議（リオ＋20）で採択された成果文書である『我々の求める未来（The Future We Want）』は、「第六九会期国連総会終了までに、国連海洋法条約のもとでの国際文書の策定を決定することを含む、国家管轄権外区域の海洋生物多様性の保全及び持続可能な利用に関する問題に対処すること」を求めた。これを受けて、二〇一二年の第六七会期国連総会決議（A/RES/67/78）は、その一八一項において、各国首脳が、この問題について、国連総会第六九会期末（二〇一五年九月一四日）までに、UNCLOSのもとでの国際文書を策定するか否かについて決定することを含めて緊急に対処することを約束した。

こうした流れの中で、設立されたBBNJに関するアドホック非公式作業部会（BBNJ作業部会）では、「UNCLOSのもとでの（under UNCLOS）新しい実施協定策定のための交渉を開始すべき」と主張する勢力が多数を占めるようになった。

BBNJ協定交渉に対する各国の態度

BBNJ協定交渉に対する各国の態度は、個々の対象事項について国益の相違もあるが、大まかな傾向をいえば、次のようにまとめられる。

BBNJ協定に対する促進派は、EUと途上国である。EUは、二〇〇六年二月の段階で新たな実施協定の必要性を主張していた。彼らは、「現在の国家管轄権外区域の海洋生物多様性に関する『規制ギャップ（regulatory gap）』および『ガバナンス・ギャップ（governing gap）』に対応するためには、海洋生物多様性の保全と持続可能な利用に関する基本原則を規定するUNCLOSのもとでの新しい実施協定の策定が必要である」と主張する。

「規制ギャップ」とは、BBNJを規律する法の不存在をいう。これに対して、「ガバナンス・ギャップ」とは、いわゆる組織的枠組みの不備を指し、世界的、地域的および準地域的に、当該問題を扱う適当な組織・メカニズムが存在しないことや、既存の組織・メカニズムにおける任務とうまく合致しないことを意味する。

ＥＵは、そのための交渉プロセスを可及的速やかに開始するよう求めた。こうした積極的態度の背景には、ＭＰＡやＥＩＡなどの環境保護を重視するＥＵの姿勢がある。他方で、ＭＧＲの利益配分や能力構築と海洋技術移転に関しては、明確な考えを当初示さなかった。

Ｇ７７＋中国（一九六四年に設立された途上国七七カ国の交渉グループであるが、現在一三二カ国の途上国が参加している。これに中国を加えたグループ）は、一九七〇年に国連総会が採択した深海底原則宣言が述べる、「国家管轄権外区域の海底およびその下ならびにその資源は、人類の共同財産（ＣＨＭ）である」との部分は今やすべての国を拘束する慣習国際法であり、それらは深海底の生物多様性にも適用可能であるとする。深海底のＭＧＲは、人類の共同財産としてＩＳＡの任務とされ、その利用から生ずる利益は国際社会に対して公正かつ衡平に配分されるべきであると主張する。

Ｇ７７＋中国は、国家管轄権外区域の海洋生物多様性につき、「ガバナンス・ギャップ」は存在しないが、ＵＮＣＬＯＳの「実施のギャップ（implementing gap）」が存在すると主張する。「実施のギャップ」とは、いわゆる法的枠組みの欠如を指し、国際的な法的枠組みが実質的に欠如していることによって、世界的、地域的および準地域的にも、当該問題が現在規制されていないまたは規制が不十分であると主張する。

つまり、Ｇ７７＋中国は、能力構築と海洋技術移転、ＭＧＲの利用から得られる利益のアクセスのため、また、海洋の科学的調査（ＭＳＲ）およびバイオプロスペクティング（生物資源の中から医薬品・食料などに利用できる有用な遺伝資源を発見すること）の規制のための新たな実施協定が必要であると主張する。

さらに、公海自由の原則に基づくMGRの自由な開発や特許の取得は、UNCLOSに違反するとも主張する。

これに対して、日本や米国、カナダ、ロシア、アイスランドおよび韓国は、「国家管轄権外区域におけるMGRの探査活動は、UNCLOS（第七部（公海）および第一三部（海洋の科学的調査））によって認められた活動であり、すでに規制されているので、新たな規制の必要はない。UNCLOSにいうCHM原則は深海底の鉱物資源に適用されるのであり、MGRには適用されない」と主張する。

これらの諸国は、UNCLOSで認められている航行の自由や漁獲の自由、MSRの自由は阻害されるべきではなく、海洋環境の保護等に関しては、地域的漁業機関や他の環境条約などの既存の枠組みを活用すべきだと主張する。つまり、新たな規制や新実施協定の締結を論ずる前に、既存の国際条約の枠組みを活用することにより十分対応が可能であるし、むしろ効果的であると主張していた。

その後、これらの諸国と同様に、新しい実施協定に慎重な姿勢をみせていたノルウェーが、新しい実施協定策定のための交渉を支持する立場に転換し、オーストラリアやニュージーランドも同様の立場をとるようになった。他方、ロシアは一貫してBBNJの実施協定締結に反対する姿勢を示している。

このような各国の思惑の中で、BBNJ新協定をめぐる交渉が開始された。当初、反対していた国々も、BBNJ作業部会の議論の進展を受けて、UNCLOSのもとでのBBNJに関する新たな規律に関する文書の作成に理解を示すようになった。

BBNJ政府間会議に至る経緯

二〇一五年一月に開催されたBBNJ作業部会の勧告を受け、二〇一五年六月一九日に国連総会は、「国家管轄権外区域の海洋生物多様性の保全および持続可能な利用に関するUNCLOSのもとでの国際的な法的拘束力のある文書の作成」(総会決議69/292)を採択した。同決議は、「国家管轄権外区域の海洋生物多様性の保全および持続可能な利用に関し、UNCLOSのもとでの国際的な法的拘束力のある文書を作成することを決定し、そのために(a)……文書の条文案の要素に関して総会に対し実質的な勧告を行うため、政府間会議の開催に先立ち、……準備委員会を設置することを決定」(一項)した。同時に、「交渉は、二〇一一年に合意されたパッケージで特定された主題、すなわちABNJの海洋生物多様性の保全および持続可能な利用、特に、利益配分に関する諸問題を含むMGR、MPAを含む区域型管理ツール等の措置、EIAならびに能力構築と海洋技術移転を、一括かつ一体として(together and as a whole)、扱うことを決定」(二項)した。

つまり、BBNJに関する国際文書は「法的拘束力のある文書」である条約の形式をとること、またその法的文書は「UNCLOSのもと」に置かれる実施協定の性格をもつこと、さらに新協定はUNCLOSとの内容上の整合性が求められることになった。交渉は、①MGR(利益配分の問題を含む)、②区域型管理ツール等の措置(MPAを含む)、③EIA、④能力構築と海洋技術移転の四主題をパッケージとして行われることになった。さらに、正式の「政府間会議」の前に、「条文案の要素」を国連総会に勧告するための「準備委員会」を設置し、そこで検討を開始することになった。この準備委員会を、二〇一六年と二〇一七年にそれぞれ一〇日間の会期で少なくとも年二回開催することが明記された（二項（b））。

1　準備委員会

準備委員会は、二〇一六年三月の第一回から二〇一七年七月の第四回まで計四回開催された。なお、二〇一六年八月開始の第二回の準備委員会で、先の四主題に加え、「横断的課題（cross-cutting issues）」が加えられ、この五主題に関する準備委員会議長がまとめた「非公式作業部会におけるさらなる議論を援助するための諸課題および諸問題群に関する議長素案」（計七頁）が示された。さらに、第三回準備委員会直前の二〇一七年二月に、準備委員会議長より「ＢＢＮＪ新協定の条文案の要素に関する議長ノン・ペーパー（非公式文書）」（計一一二頁）が各国に示され、各国代表はこの非公式文書に示された一一二項目（Ⅰ前文の要素、Ⅱ一般的要素、ⅢＢＢＮＪの保存および持続的利用（四主題はここで取り上げられている）、Ⅳ機構に関する取極、Ⅴ情報交換／クリアリングハウス・メカニズム（情報システム）、Ⅵ財源および財政的メカニズム、Ⅶ履行監視、審査、遵守および強制、Ⅷ紛争解決、Ⅸ非当事国、Ⅹ責任と賠償、Ⅺ再検討、Ⅻ最終規定の要素）について意見を表明する形で交渉が行われた。この文書は、「議論のたたき台」の性格を有するものであったが、ＢＢＮＪ新協定締結にあたって議論されるべき対象を網羅的に示すものであったともいえる。

二〇一七年七月一〇日から二一日にかけて行われた準備委員会第四会期の直前、準備委員会議長は、「ＢＢＮＪ新協定の条文案の要素に関する議長ノン・ペーパー概要」を示した。この概要は第三回の「議長ノン・ペーパー」を整理し、集約したものである。最終日の同年七月二一日に、国連総会に対する勧告をコンセンサスで採択し、その「準備委員会報告書」の中に「準備委員会勧告」が盛り込まれた。その内容は、依然として新協定に盛り込むべき多くの要素が列挙されたままであり、各国の議論は十分に収斂しなかった。ここで、準備委員会でどのような問題が提起されたかをみてみよう。

提起された問題

「国家管轄権外区域の海洋生物多様性の保全および持続可能な利用」の一般原則とアプローチをみると、公海自由の原則やCHM原則、汚染者負担の原則（PPP：Polluter-Pays Principle）といった法原則のほかに、予防原則や生態系アプローチといった四三の原則やアプローチが列挙され、政府間会議での調整のむずかしさを予見させる内容になっていた。

またMGRでは、範囲として、「深海底と公海の双方」か「深海底」のみを対象とするのかという点、また、物的対象として、「生息域（in situ）」か、遺伝子バンクや研究室で保管されているものを含む「生息域外（ex situ）」か、さらにはデータベース上の情報や合成したものを含む「コンピューター上（in silico）」のMGRを対象とするのかでも各国の見解が分かれていた。

先に挙げた一般原則との関係でいえば、MGRに関する一般原則として、米国や日本のように公海自由の原則を支持する国々と、CHM原則を支持する途上国との間で大きな対立があった。UNCLOS第一三三条（a）では、「『資源』とは、自然の状態で深海底の海底又はその下にあるすべての固体状、液体状又は気体状の鉱物資源（多金属性の団塊を含む。）をいう」と定義され、深海底における「資源」につき「鉱物資源」が挙げられている。つまり、ＭＧＲは排除されている。

また、ＵＮＣＬＯＳの生物資源（いわゆる漁業）の管理体制は、微生物へ適用することは困難である。その結果、慣習国際法である公海自由の原則が適用され、国家管轄権外区域のＭＧＲへのアクセスは自由となるとの解釈を米国や日本などはとっている。他方、ＭＧＲがＣＨＭでないとしても、深海底という空間は依然としてＣＨＭに属するので、その空間（すなわち、深海底）におけるすべての活動は、ＣＨＭ原則に服すると途上国は主張した。

ＭＧＲのアクセスについては、「フリーアクセス」と「アクセス規制」という両論が主張された。この問題は、ＭＳＲにも関係してくる。ＭＳＲには、大別して基礎的調査と応用調査がある。基礎的ＭＳＲとは、ＵＮＣＬＯＳ第二四六条三項の、「専ら平和的目的で、かつ、すべての人類の利益のために海洋環境に関する科学的知識を増進させる目的で実施する海洋の科学的調査」をいうとされる。これに対して、応用的ＭＳＲとは、「天然資源（生物であるか非生物であるかを問わない。）の探査及び開発に直接影響を及ぼす海洋の科学的調査」（第二四六条五項（ａ））をいうとされる。外見的には、バイオプロスペクティングもＭＳＲの一種といえる。なお、バイオプロスペクティングについて国際的に確立した定義はない。ＵＮＣＬＯＳの一〇年後に採択された生物多様性条約（以下、ＣＢＤ）（一九九二年）では、「商業的に価値のある遺伝子及び生化学資源のための生物多様性の探査」または「新商品開発のための遺伝子資源の分子構造に関する情報を生物圏から収集する過程」とされている。アクセスの問題を解決するためには、この問題についての議論の整理が必要である。

また、利益配分に関しては、金銭的利益配分と非金銭的利益配分の主張の対立が生じた。前者については、二〇一〇年に採択された「生物の多様性に関する条約の遺伝資源の取得の機会及びその利用から生ずる利益の公正かつ衡平な配分に関する名古屋議定書」(名古屋議定書)の範囲内での、または同議定書を超える金銭的利益配分の導入などの意見があった。これに対し、非金銭的利益配分の導入やクリアリングハウス・メカニズム(生物多様性に関する情報の交換・流通を促進するためのメタデータ検索システム)によるデータへのアクセス促進やMGR開発過程のモニタリング、深海底のMGRへのアクセスについて事前または事後の報告制度導入の意見もあった。

ＭＰＡを含む区域型管理ツールでは、ＭＰＡの形式、基準、指定方法、意思決定、主体および期間などの「決定プロセス」が論点となった。ＭＰＡにおいてとられる保全管理を決定する主体、意思決定手続等について、新協定を中心とすべきと考える「グローバルアプローチ」と既存の枠組みを中心とすべきと考える「地域アプローチ／ハイブリッドアプローチ」の両論が提唱されている。ＭＰＡの指定における隣接国の関与の度合いに関しても、沿岸国に資源の保全、管理、規制に関するより大きな役割を付与する、「隣接性の原則」あるいは「沿岸国の特権」が要素に挙げられており、政府間会議でどのような合意がなされるのか注目される。

ＥＩＡでは、ＥＩＡの対象、手続等で意見が分かれている。ＵＮＣＬＯＳ第二〇六条は、「いずれの国も、自国の管轄又は管理の下における計画中の活動が実質的な海洋環境の汚染又は海洋環境に対する重大かつ有害な変化をもたらすおそれがあると信ずるに足りる合理的な理由がある場合には、当該活動が海洋環境に及ぼす潜在的な影響を実行可能な限り評価するものとし(後略)」と規定している。そこで、ＥＩＡは「重大かつ有害な変化をもたらすおそれがある」場合に限るという基準の精緻化を求める意見と、基準を緩和しＥＩＡの対象を拡大しようとの見解の対立がある。このほか、ＥＩＡの実施にあたって、新協定の機関や隣接国の関与の度合い、さらには既存の枠組みの下で実施されるＥＩＡの取扱いや戦略的環境アセスメント導入の意見があった。

能力構築と海洋技術移転に関しては、対象となる能力構築と海洋技術移転は、ＢＢＮＪの保全および持続可能な利用に関係する能力構築と海洋技術移転に限るのか、それとも海洋に関する能力構築と海洋技術移転全般に拡げるのかについて意見の対立があった。また、能力構築と海洋技術移転における新協定とＣＢＤおよびユネスコ政府間海洋学委員会（ＩＯＣ―ＵＮＥＳＣＯ）との関係、ＢＢＮＪに関して新たな機構や資金メカニズムを立ち上げるのか、地球環境ファシリティ（ＧＥＦ：地球環境問題解決のために途上国に多国間資金を無償で提供する資金メカニズム）などの既存の制度の活用をはかるのかについて意見の対立があった。

こうしてみてくると、準備委員会の段階では、ＢＢＮＪ新協定で条文化するために、いまだに多くの要素について各国の意見が分かれていたことがわかる。その意味で、政府間会議において、議論の収斂にはかなりの時間を要すると想像された。二〇一七年七月、準備委員会が採択した勧告は、上記に示したいずれの主要論点についても結論を出さず、今後の検討に委ねるとの記述にとどまった。また、勧告に盛り込まれた内容は、参加国のコンセンサスを反映したものでもないとされた。こうした中で、政府間会議が始まった。

2　政府間会議

準備委員会報告書の採択を受けて、国連総会は、二〇一七年一二月二四日に国連総会決議七二／二四九（A/RES/72/249）を採択し、できるだけ早期に新協定の条文を作成するための政府間会議を招集すること（二項）、交渉は四主題を取り扱うこと（二項）、政府間会議の作業及び成果は、UNCLOSの規定と完全に整合的なものであるべきこと（should be fully consistent）、また、このプロセスおよび成果は、既存の枠組みを損なうべきでないこと（七項）、そして会議の組織的事項（新協定のゼロ・ドラフトの作成プロセスを含む）を議論するための会合を、二〇一八年四月一六日から一八日に開催すること（四項）を決定した。

なお、政府間会議議長には、シンガポールのレナ・リー（Rena Lee）海洋・海洋法担当大使兼外務大臣特使が選出された。政府間会議第一会期に先立ち、二〇一八年六月二五日に、論点整理の形をとった「議長ペーパー（討議資料）」（計二五頁）が公表された。ここでは、先の四主題に関する論点が箇条書きで示された。二〇一八年九月に開催された政府間会議第一会期では、この「議長ペーパー」に沿って、各国代表がそれぞれの主題に関して発言した。

二〇一九年三月の政府間会議第二会期の前に、再び、政府間会議議長より「議長ペーパー（討議資料）」（計六四頁）が二〇一八年一二月に公表された。この「議長ペーパー」では、新協定の論点ごとに「条文案」の形で具体的な「選択肢」が示された。同ペーパーは、Ⅰ序論、Ⅱ一般的要素、Ⅲ BBNJの保全および持続的利用、Ⅳ機構に関する取極、Ⅴクリアリングハウス・メカニズムの四つの部から構成されていた。政府間会議第二会期では、「議長ペーパー」に示された「選択肢」について各国が一方的に意見を表明するにとどまり、ここでも議論が収斂することはなかった。

こうした議論状況に変化をもたらしたのは、二〇一九年六月に政府間会議議長が公表した「ＢＢＮＪ新協定に関する議長草案」（計五〇頁）である。同「議長草案」は、第一部「一般規定」（一条〜六条）、第二部「利益配分の問題を含むＭＧＲ」（七条〜一三条）、第三部「ＭＰＡを含む区域型管理手法」（一四条〜二一条）、第四部「ＥＩＡ」（二二条〜四一条）、第五部「能力構築と海洋技術移転」（四二条〜四七条）、第六部「機構上の取極」（四八条〜五一条）、「第七部「財源（および財政的措置）」（五二条）」、第八部「履行（および遵守）」（五三条）、「第九部「紛争解決」（五四条〜五五条）」、「第一〇部「本協定の非当事国」（五六条）」、第一一部「信義則と権利濫用」（五七条）、第一二部「最終規定」（五八条〜七〇条）、「附属書「能力構築と海洋技術移転の類型」」から構成されている。本「議長草案」は、いくつかの部や条文案自体がブラケット（［］）で囲まれており、その採否は今後の政府間会議の議論に委ねられることになっている。

二〇一九年八月に開催された政府間会議第三会期で、「議長草案」に示された条文案の選択肢に関して、各国代表が意見を表明した。そして、会議終了にあたって、各国代表の見解を踏まえた「議長草案」の改訂版の作成が政府間会議議長に要請された。これを受けて、議長は、二〇一九年一一月一八日に「議長草案改訂版」（計四五頁）を公表した。同時に、同改訂版で示された条文については、各国に意見の提出が求められた。寄せられた各国の意見は、国別と条文ごとの二種類の文書として二〇二〇年四月一五日に公表された。

しかし、二〇二〇年三月開始と予定されていた政府間会議第四会期は、新型コロナウイルスの感染拡大により、二〇二〇年三月九日に開催延期が決定された。その後、政府間会議の「議長書簡」が各国代表に送られ、政府間会議第四会期を二〇二一年に延期すること、またそれまでの間は、五主題についてオンライン会合が開催されることになったが、各国の国益がかかる条文案について、オンラインの手法では固めることができなかった。こうした中でようやく、政府間会議第四会期が二〇二二年三月七日から一八日にかけて開催された。ただ、依然として各国の主張の隔たりは大きかった。なお、政府間会議第五会期は、二〇二二年八月一五日から二六日にかけて開催されることになった。

ＢＢＮＪの特徴―生物多様性条約の締約国会議による主導

ＵＮＣＬＯＳ採択から一〇年後に採択されたＣＢＤは、ＵＮＣＬＯＳとの関係について第二二条にいわゆる抵触条項を置いている。同条で、「締約国は、海洋環境に関しては、海洋法に基づく国家の権利及び義務に適合するようこの条約を実施する」（二項）と規定し、海洋環境に関してはＵＮＣＬＯＳが優先することを確認する一方で、「生物の多様性に重大な損害又は脅威を与える場合は、この限りではない」（二項）と規定している。つまり、生物多様性の保全が現行の国際協定（ＵＮＣＬＯＳを含む）の権利義務に優先する場合があることを規定している。なぜなら、一九八二年当時のＵＮＣＬＯＳにおける海洋環境問題は、海洋汚染が中心だったからである。

仮に生物多様性の保全のために公海上にＭＰＡを設定する場合は、ＵＮＣＬＯＳ第八九条の「いかなる国も、公海のいずれかの部分をその主権の下に置くことを有効に主張することができない」との規定と抵触が生じる。そうなるとＵＮＣＬＯＳと整合するためには、ＭＰＡ設定の主体は国ではなく、ＢＢＮＪ新協定で定められる国際機関などが行うことが考えられる。あるいは、国が行う場合には一定の条件を定めることになるであろう。

こうしたＭＰＡを公海上に設定すべきという主張は、ＣＢＤが採択される前年、一九九一年に米国の国家海洋大気局（ＮＯＡＡ）の海洋学者アール（Sylvia Earle）博士がハワイで開催されたWild Ocean Reserveに関する会議で、国家管轄権外区域の海洋が汚染と乱開発のために深刻な脅威に直面していると警告したことに端を発する。同会議は、海洋の生態系と多様な資源の将来にわたる持続可能性を確保するために、公海上にＭＰＡを設定する必要があると決議した。こうした主張の背景には、ＵＮＣＬＯＳを基軸とする現行の海洋法秩序は、公海や深海底の生物多様性の保全に十分に対応できていないとの認識がある。

一九九五年一一月に開催されたＣＢＤの第二回締約国会議（ＣＯＰ２）は、「海洋と沿岸地域の統合的管理を促進すること」を掲げ、その附属書で「海洋生物資源の重要な生息地が、海洋と沿岸の保護区の選定にあたって重要な基準であるべき」だとの指針を含む、いわゆる「ジャカルタマンデート」を採択した。「公海」という用語は使っていないが、ここでいう「海洋」はＣＢＤの適用範囲である国家管轄権内の海洋に限定していないように読める。

実際、この附属書には、ＣＢＤ事務局長に対して、深海底遺伝資源の保全とその持続的利用に関するＣＢＤとＵＮＣＬＯＳの関係についての検討を求める文言が挿入されていた。ＣＢＤの下部機関である科学技術助言補助機関（ＳＢＳＴＴＡ）は、深海底のＭＧＲへのアクセスを含め生物資源探査に関する提案を次回の締約国会議で行うことを報告した。こうしてＢＢＮＪの重要な主題であるＭＰＡとＭＧＲの問題が、ＣＢＤの締約国会議の対象となったのである。

また、一九九五年の国連総会決議（A/RES/54/33）に基づいて設立されたＵＮＣＬＯＳの非公式締約国会議（ＩＣＰ）は、二〇〇四年の第五回会合で「国家管轄権外の深海底の生物多様性の保全と管理を含む、海洋の新たな持続的利用について」審議した。これを受けて、この問題を審議するＢＢＮＪ作業部会が立ち上げられ、その審議が引き継がれることになった。

それ以前の二〇〇一年から二〇〇五年にかけて、九五カ国から一三六〇人の専門家が参加し、生態系に関する大規模な総合的評価を行った「国連ミレニアム生態系評価」では、魚類資源の少なくとも四分の一は過剰漁獲の状態にあるとして、人為的影響によりもっとも深刻な改変が起きている生態系の一つが海洋だと位置づけられた。こうした現状の中で、公海におけるＭＰＡ設定の議論が生じていることを認識する必要がある。

他方で、ＣＢＤは保全のみならず、「持続可能な利用」を目的としており（第一条）、国際自然保護連合（ＩＵＣＮ）のＭＰＡの定義も「生態系サービス」に触れて資源利用を含意している。つまり、ＭＰＡ＝禁漁区ではないということである。実際、各国が自らの管轄権下にある海域に設定したＭＰＡでは禁漁区は少数にとどまり、程度の差はあれ、科学的データや社会経済的影響などを踏まえて海域をゾーニングし、その中で禁漁から多目的利用までのさまざまな措置を講じて、利用と保全との調整が行われている。

このようにＭＰＡの設定にあたっては、管理目的に応じたゾーニングが必要となる。仮にＭＰＡが生物多様性の保護というスローガンの下、サンクチュアリ（禁漁区）を志向するならば、こうしたＭＰＡは公海における漁獲の自由を浸食する結果に陥るであろう。

ただ、この問題は一筋縄ではいかない点がある。漁業の観点からみれば、漁業管理の現状を踏まえたＭＰＡの設定が求められるが、環境保護の観点からみれば、ＭＰＡ内における漁業活動からの海洋環境の保護の促進が求められるという対立構造が生じるからである。この両者の緊張関係は、責任ある漁業というレジームと海洋環境（あるいは生物多様性）の保護というレジームの相克と言い換えることができる。

また、地球温暖化により、たとえば大西洋マダラという魚種に関していえば、海水温上昇に伴う低緯度海域の産卵場の崩壊という海洋生態系の変化が生じており、問題は必ずしも過剰漁獲のみでないことに、われわれが直面している問題の複雑性がある。はたして、政府間会議が、両者のいかなる均衡が人類益であるのとの答えを出すのか注目される。

なお、地域的な実行としては、北東大西洋海洋環境保護条約（ＯＳＰＡＲ）の実行がある。ＯＳＰＡＲは、その海域が「生態的または生物学的に重要な海域（ＥＢＳＡ：Ecologically or Biologically Significant Marine Area）」の基準を満たしていると科学的に評価した上で、ＭＰＡに指定している。仮に公海におけるＭＰＡが実現するとなると、そのためにはＭＰＡの国際法上の定義ならびに設定手続の標準化が必要となる。

実際、二〇〇四年のＣＢＤ第七回締約国会議（ＣＯＰ7）は、決定五で「国家管轄権外区域の海洋生物多様性に危機を表明」し、決定二八で「国家管轄権外区域でのＭＰＡ設定の協力」につき調査を命じた。さらに二〇〇五年にＣＢＤ科学技術助言補助機関（ＳＢＳＴＴＡ）が「国家管轄権外区域の遺伝資源報告書」を作成した。遺伝資源はＣＢＤの規律対象であるが、ＣＢＤの適用範囲は締約国の管轄下の区域に限定されているにも関わらず、適用範囲を超える問題を取り上げている。この報告書は、深海底遺伝資源に対する需要の高まりが持続可能でない採取の問題を惹起し得ると危機感をあおる役割を果たした。その結果、この報告書によって、MGRを「鉱物資源」と同様にCHMと位置づけようとの考えが途上国に生まれた。その前年、国連総会決議（A/RES/59/24）が採択され、BBNJ非公式作業部会の設置が決定された。先の「国家管轄権外区域の遺伝資源報告書」後の翌二〇〇六年に第一回BBNJ作業部会が開催された。このようにBBNJの議論は、CBDの締約国会議によって主導されてきたという特徴を有する。

二〇一〇年、名古屋で開催されたCBD第一〇回締約国会議（COP10）において、愛知目標一一（「二〇二〇年までに、沿岸および海域の少なくとも一〇％は保護地域により保全される」）が採択された。「沿岸および海域」の「海域」に限定がなく、公海が必ずしも排除されていないとも読める目標である。また、二〇一六年、メキシコのカンクンで開催されたCBD第一三回締約国会議（COP13）において、生物多様性の「主流化」がテーマとされ、海洋生物多様性の保全に関して、生態学的または生物学的に重要な海域（EBSA）や海洋空間計画（MSP）などが議論された。

このように、BBNJに関する実施協定の作業は、一言でいえば、UNCLOSとCBDの接合がCBDの締約国会議がリードする形で始まったことが特徴である。その際、UNCLOSの公海制度を支えている既存の価値とBBNJが提起する新たな価値（CBDの価値）の衝突が生じた場合には、どちらの価値を上位価値と位置づけるかという問題が生じることになる。価値の相克はいずれかの価値を上位価値とすることによって、はじめて調整が可能になるからである。こうしたことを考えると、いるといえる。

第三の実施協定は、ＵＮＣＬＯＳの価値ではなく、ＣＢＤの価値を上位価値とする可能性を内包している。ＢＢＮＪ政府間会議の結論次第で、「海洋秩序の発展」の可能性も、また「海洋秩序の変容」の可能性も内包しているといえる。なぜなら、ＣＢＤの前文にある、「海洋生物の多様性の保全は、人類の共通の関心事」であるとの考えが、ＵＮＣＬＯＳの公海自由の原則を規制する理念として機能し得る余地があるからである。ＵＮＣＬＯＳの実施協定でありながら、ＣＢＤが基軸となる性格の協定が生まれる可能性がないわけではない。

もっとも、ＵＮＣＬＯＳ自体、生物多様性の保全または持続可能な利用に直接または間接に関係する多くの条文を内包している。ＭＳＲ、海洋生物資源や海洋環境の汚染の条文である。たとえば、第一二部の海洋環境の保護及び保全に関する第一九二条の「いずれの国も、海洋環境を保護し及び保全する義務を有する」との一般規定を有している。二〇一六年の南シナ海仲裁判決は、第一九二条は、締約国に海洋環境を保護し保全する一般的な義務を課しており、これは将来的な損害からの海洋環境の「保護」と現在の状態を維持・改善するという意味での「保全」の双方を含み、海洋環境を悪化させない義務を含むと判示した。また、第一九四条五項には、「この部の規定によりとる措置には、希少又はぜい弱な生態系及び減少しており、脅威にさらされており又は絶滅のおそれのある種その他の海洋生物の生息地を保護し及び保全するために必要な措置を含める」との規定も存在する。

そして注目されるのは、ミナミマグロ事件の暫定措置命令（一九九九年）で、国際海洋法裁判所（ＩＴＬＯＳ）が、海洋環境の保護に関する規定は、汚染のみに適用されるのではなく、資源や種の保護にも適用されると述べたことである。さらに、チャゴス諸島海洋保護区仲裁事件判決（二〇一五年）において、UNCLOS附属書Ⅶに基づいて設置された仲裁裁判所は、「第一九四条は、厳密に汚染を規制するための措置に限定されず、主として生態系を保護し保全することに重点を置いた措置にも拡大される」と判示し、このことを確認した。このように紛争解決機関による条約の解釈実践によって、条文の規範内容が単なる海洋環境の保護から生物多様性の保全へと拡大されている事実を見逃してはならない。

なお、第一九四条五項にいう「生態系」や「生息地」という用語については、UNCLOSでは定義がない。しかし、今ではCBDの『生態系』とは、植物、動物及び微生物の群集とこれらを取り巻く非生物的な環境とが相互に作用して一の機能的な単位を成す動的な複合体をいう」、『生息地』とは、生物の個体若しくは個体群が自然に生息し若しくは生息している場所又はその類型をいう」（第二条）に従って解釈されている。なお、二〇〇〇年のCBD第五回締約国会議（COP5）で採択された決定V/6は、「生態系アプローチとは、陸上、水界および生物資源の統合された戦略であって衡平な方法で保全および持続可能な利用を促進するものをいう」とし、関係する一二の原則と五つの運用指針を示した。

前述したように、UNCLOSが、秩序形成の基盤として、それぞれの海域に対する沿岸国とその他の国の権利義務を定める海域区分の考え方を採用しているのに対して、CBDは生態系アプローチを採用している。そのことも手伝い、CBDの適用範囲に関する「自国の管轄又は管理の下で行われる作用及び活動（それらの影響が生ずる場所のいかんを問わない）については、自国の管轄の下にある区域及びいずれの国の管轄にも属さない区域」（第四条（ｂ））の規定や協力に関する「締約国は、生物の多様性の保全及び持続可能な利用のため、可能な限り、かつ、適当な場合には、直接に又は適当なときは能力を有する国際機関を通じ、いずれの国の管轄にも属さない区域その他相互に関心を有する事項について他の締約国と協力する」（第五条）との規定は、海域区分と航行や漁業など事項別規制方式をとるＵＮＣＬＯＳと潜在的に抵触する可能性を含む。このように、ＢＢＮＪ新協定は、国家管轄権外区域である公海における規制にあたって、どちらの条約の価値が優越するのかという問題を内包しているといえる。

なお、「議長草案改訂版」第一部「一般規定」の第四条は、「１この協定のいかなる規定も、ＵＮＣＬＯＳに基づく権利、管轄権および義務を損なうものではない。この協定は、ＵＮＣＬＯＳの文脈においてＵＮＣＬＯＳに合致する方法で解釈および適用される。２二〇〇カイリ内外の大陸棚およびＥＥＺを含む国家管轄権のもとにあるあらゆる区域での沿岸国の権利および管轄権をＵＮＣＬＯＳに従って尊重する。３この協定は、[既存の]関係する法的文書および枠組みならびに関係する世界的、地域的、小地域的および分野別の機関の[権限を尊重し]損なわない方法で解釈および適用される。［４ＵＮＣＬＯＳまたはこの文書に関連する他の関係する協定の非当事国の法的地位は、この協定によって影響を受けるものではない。］」と規定し、国連総会決議七二／二四九が求める「ＵＮＣＬＯＳの規定と完全に整合的なものであるべきこと」という総論的求めに条文上の表現を与えている。なお、第五条（一般［原則］［および］［アプローチ］）では、ＣＢＤを中心とした生態系の保全に関連して生成されてきた一〇の原則とアプローチが規定されている。準備委員会の段階では二一の原則とアプローチが挙げられていたことを考えると、かなり絞り込まれたとの印象はある。今後は、ＣＢＤが求める生態系アプローチなどが第二部以下の条文（各論に属する四主題）でどのような内実が与えられるのかという点が焦点となる。

何が争われているのか

ここでは、ＭＧＲをめぐるＵＮＣＬＯＳ上の解釈問題に絞って考えたい。ＭＧＲについては、法原則として、公海自由の原則とＣＨＭ原則の対立があることはすでに述べた。ＭＧＲの法的位置づけをめぐるＵＮＣＬＯＳ上の解釈論としては、ＭＧＲが位置する空間に依存するのか、それともＭＧＲという資源の特質に依るのかという問題が生じる。ＵＮＣＬＯＳ第一三六条は、「深海底及びその資源は、人類の共同の財産である」と規定している。ＭＧＲがＣＨＭでないとしても、深海底という空間は依然としてＣＨＭに属する。その空間（深海底）におけるすべての活動は、ＣＨＭ原則に服すると考えていいのかどうかという問題である。

ＵＮＣＬＯＳ第一三三条（ａ）は、「『資源』とは、……鉱物資源（多金属性の団塊を含む。）をいう」と規定する。このように、鉱物資源と明確に規定しているということは、その他のものを排除していると解釈できるのではないかという点である。実際にＵＮＣＬＯＳの起草過程で、定着性の種をＣＨＭである「資源」に含める案も検討されたが、ＵＮＣＬＯＳ第一三三条は最終的に生物資源を排除する形で、鉱物資源のみをＣＨＭ原則が適用される「資源」とした。こうした経緯に照らすと、ＭＧＲに

CHM原則を適用することは困難のように思われる。こうしたことを考えると、政府間会議に残された道として、MGRは未規制の資源であるとして、新たな立法による解決が必要という立場をとる選択肢も考えられる。

さらに、MGRへの「アクセス」はUNCLOS上どのように位置づけられるのかという問題がある。第一三部のMSRレジームで対応できない部分があるのかどうかという点である。実際、CBDおよび名古屋議定書ならびにUNCLOSには「遺伝資源へのアクセス」の定義はない。

また、この関連で、UNCLOS第一四七条の「深海底における活動に対して合理的な考慮を払いつつ行う」という文言の意義をどのように考えるかという問題もある。さらに、UNCLOSにおける公海における自由の行使にあたっての「妥当な考慮」（第八七条二項）を払う義務とはいかなるものかという問題もある。

このほか、知的財産権を含むMGRに対する権利の主張は、UNCLOS第二四一条の「海洋の科学的調査の活動は、海洋環境又はその資源のいずれの部分に対するいかなる権利の主張の法的根拠も構成するものではない」との規定に反するといえるのかどうかという問題もある。

加えて、国家管轄権内（EEZ）のMGRと国家管轄権外区域（公海）のMGRの区別の法的実効性はどこにあるのかという問題もある。米国や日本などの先進国は、鉱物資源であるマンガン団塊と生物資源であるMGRの特性は大きく異なり、CHM原則を適用しなければならない理由がないと考える。なぜなら、MGRは、マンガン団塊のような鉱物資源と異なり、消尽性がなく、再生可能であり、また開発に際して必要なのは少量のサンプルのみであるからである。MGRの開発の可能性は多様であり、ＭＧＲのサンプルに最初にアクセスしたものが当該ＭＧＲから生じ得るすべての利益を独占するわけではない。先進国は、ＣＨＭ原則をＭＧＲに適用すれば、人類が裨益し得る有益な活動を阻害することになるとして、ＡＢＮＪのＭＧＲには公海自由の原則が適用されるべきだと主張する。

これに対して途上国は、深海底および公海のＭＧＲにはＣＨＭ原則が適用されるべきであると主張し、深海底および公海のＭＧＲの利用から生じる利益を公正かつ衡平に配分する制度を導入すべきであると主張する。そして、ＢＢＮＪ新協定においては、深海底および公海のＭＧＲへのアクセスは事前通報・同意（ＰＩＣ：Prior Informed Consent）にかからしめるべきであると主張する。ＣＢＤでは、生物多様性の保全措置にはコストがかかるとして、そのコストは生物多様性（遺伝資源）の商業的な利益から得られる利益から賄われるべきとして、公正かつ衡平な利益配分とＰＩＣの制度を導入している。このことを考えれば、ＣＢＤの前文で「海洋生物の多様性の保全は、人類の共通の関心事」であると確認されていることの影響の射程はどこまで及ぶのかという解釈問題が残る。

西本健太郎教授は、「新協定の作成によって深海底のＭＧＲをＣＨＭとするのはＵＮＣＬＯＳの事実上の改正ではないか。ＵＮＣＬＯＳの改正をＵＮＣＬＯＳの改正手続によることなく新協定の作成によって行うのは適切ではない。とりわけ、深海底のＭＧＲのみならず公海のＭＧＲをもＣＨＭとするのであれば、これは公海自由の原則を定めたＵＮＣＬＯＳの原則の根本的な改正であり、これを改正手続なしに新協定の作成によって行うのは適当でない」と指摘する。ただし、西本教授が併せて指摘するように、ＵＮＣＬＯＳでは、①第一一部実施協定、②締約国会議による延長大陸棚の情報提出期限を延長する決定、③大陸棚限界委員会の手続規則のもとの実行など、すでに「事実上の改正」が行われていることも事実である。

さらに利益配分の問題がある。途上国は、深海底のMGRからは巨額の金銭的利益が生じ、一握りの先進国のみが深海底のMGRを開発できるのは不公平と考えている。他方で、先進国は、MGRの取得や研究開発には長い年月と多額の費用が必要であり、必ずしも成果や利益があがるとは限られない。MGRの研究開発にはインセンティブが必要であり、金銭的利益は重要なインセンティブであり、長年に及ぶ努力の正当な評価だと主張する。MGRの開発は政府より企業が実施しており、企業はインセンティブを見いだせない場合には、深海底のMGRの開発を行わないからである。実際、深海からは抗がん作用がある細菌が採取されており、抗がん剤などの医薬品の開発は、国際社会が享受し、共有すべき重要な利益だと反論する。

このように、BBNJはMGRの法的位置づけやMGRへのアクセスの問題など多くの課題を抱えている。本書の第二部および第三部では、こうした個別の問題あるいはBBNJ交渉の展開に関して詳しく説明されているので、ぜひご一読いただきたい。

BBNJ新協定の行方

BBNJ新協定は、国家管轄権外区域という限定の下でBBNJの保全と持続的利用を実現しようというものであり、UNCLOSが定める公海制度、それは従来の「自由放任」ではなく、「合理的ないし妥当な考慮を払う」という制限規制に変化しているが、この制度に影響を与えることは避けられない。具体的には、パッケージで議論されているMPAに関していえば、航行の自由、漁獲の自由、さらにはMSRの自由に影響を与えざるをえない。UNCLOSは、公海利用につき、具体的には、①航行、②海洋環境の保護と保全、③MSRのように事項ごとに規制をはかってきたが、BBNJ新協定では、これまでの公海の規制態様であった「事項別規制」から「統合的規制」への転換を必要とするように思われる。

BBNJ新協定の具体的内容については、今後の政府間会議の結論次第であるが、BBNJを規律する法規則が欠如あるいは不足しているとの見方、すなわち「規制ギャップ」を主張する国はUNCLOSの革新的拡張をもたらす条約を志向するであろうし、既存の条約による規制の履行が不十分と考える国、すなわち「履行ギャップ」があるとの見方をする国は、UNCLOSをはじめとした既存の条約での対応を志向するであろう。もちろん、後者であっても既存の条約の条文をそのまま適用することを主張するのではなく、既存の条約に採用されている原則の順応的適用を主張するのであり、その点で交渉において妥協の余地はある。

あるいは、両者を法プロセス重視派とガバナンスプロセス重視派の対立と捉えることもできる。新協定の目的実現のためには既存の枠組みを修正し関係機関の権限を制約することは妨げられないとする「垂直的アプローチ」をとるか、既存の枠組みや関係機関の維持を前提として相互間の調整・協力を通じて新協定の目的を実現すべきとする「水平的アプローチ」をとるかの対立と捉えることもできる。結論は予断できないが、おそらくこの両者の対立を止揚するキーワードとして、議長提案の一般原則を定めた条文草案第五条にでてくる「統合的アプローチ」または原則がその役割を果たすであろ

う と考えられる。

問題をむずかしくしているのは、ＢＢＮＪにおいて生態系アプローチを求めることに合意があったとしても、その法的理解（生態系中心的な理解か人間中心的な理解か）の相違と、争点となっているＭＧＲやＭＰＡについてどのような具体的制度を構築することが当該アプローチに応えることになるのかがまだみえてこないことである。

参考文献

加々美康彦　二〇一八「国家管轄権外区域の海洋保護区」『国際法外交雑誌』一一七巻一号

兼原敦子　二〇一六「国家管轄権外の海洋生物多様性に関する新協定―公海制度の発展の観点から」『日本海洋政策学会誌』六号

坂元茂樹・薬師寺公夫・植木俊哉・西本健太郎編　二〇二一『国家管轄権外区域に関する海洋法の新展開』有信堂（以下収録）

植木俊哉「ＢＢＮＪ協定の交渉・形成プロセス―その動態と特徴」

兼原敦子「伝統的海洋法への挑戦―国家管轄権外の生物多様性（ＢＢＮＪ）の保存と持続的利用をめぐって」

酒井啓亘「条約レジームとしてのＢＢＮＪ新協定―他の条約との関係で」

都留康子「国家管轄権外の生物多様性（ＢＢＮＪ）の保全の議論はどのように始まったのか―海洋法による環境法概念の受容」

薬師寺公夫「ＢＢＮＪの保全および持続可能な利用を規律する原則／アプローチ条項の審議経過と意義―

海洋法条約のもとでの生態系アプローチを中心に」
佐俣紀仁　二〇一八「『人類の共同の財産』概念の現在―ＢＢＮＪ新協定交渉の準備委員会に至るまでのその意義の変容」『国際法外交雑誌』一一七巻一号
白山義久　二〇一六「MPA MRA EBSA　海洋保護区をどう考えるか?」『海洋政策研究セミナー』日本海洋政策学会
――――　二〇一八「国家管轄権外海域の生態系はいかにして保全するべきか?」『「国家管轄権外区域の海洋生物多様性（ＢＢＮＪ）の保全及び持続可能な利用」に関するシンポジウム』海洋政策研究所
竹山春子　二〇一八「海洋遺伝子資源」『「国家管轄権外区域の海洋生物多様性（ＢＢＮＪ）の保全及び持続可能な利用」に関するシンポジウム』海洋政策研究所
田中則夫　二〇一五『国際海洋法の現代的形成』東信堂
西本健太郎　二〇一六「国家管轄権外区域の海洋生物多様性の保全と持続可能な利用―新たな国際制度の形成とその国内的影響」『論究ジュリスト』一九号
西村智朗　二〇一〇「遺伝資源へのアクセスおよび利益配分に関する名古屋議定書―その内容と課題」『立命館法学』三三三・三三四号
本田悠介　二〇一四「国家管轄権外区域における遺伝資源へのアクセスと国連海洋法条約―新実施協定策定の動きを中心にして」『日本海洋政策学会誌』四号

第２部

海洋生物多様性をめぐって

1　細り行く海の恵みと国際社会

井田徹治

はじめに

生物多様性とそれが人間にもたらしてくれる「自然の恵み」の大切さを実感するには魚市場に行ってみるといい。

店頭には、小さなシラスやコウナゴから巨大なクロマグロまで多種多様な魚類はもちろん、ホヤや貝類、シャコ、エビ、クラゲなどの無脊椎動物が並んでいる。かと思えば、海の大型哺乳類であるナガスクジラの肉も売られている。場所によってはウミヘビを見つける時もある。並んでいるのは動物だけではない。コンブにワカメ、ヒジキにモズクなど多種多様な植物も当たり前に売られている。海の多様な生物は、長い間、日本人の食生活を支えてきた。まさに生物多様性がもたらす貴重な生態系サービスだ。

アサリの貝殻の模様にどれ一つとして同じものがないことは、遺伝子の多様性の存在を教えてくれるし、市場に並ぶ食品が干潟やサンゴ礁、近海や遠くの公海などさまざまな場所から運ばれてきたことに思いを巡らせれば、海の生態系の多様さも、人間にとって非常に大切なものであることが分かる。

だが今、人間にとって欠かすことができないこの海の生態系や生物多様性が大きく損なわれている。乱獲や化学物質による海洋汚染、地球温暖化や海洋の酸性化、プラスチック汚染など、その原因は巨大化する人間活動だ。人類は今、自らが寄って立つ基盤である海の生態系を自分たちの手で切り崩しつつあるのだ。長く、漁業の対象となってきた海の生物の中で、少なからぬ種類が今や絶滅危惧種となった。

「乱獲が進んで捕れる魚がどんどんいなくなり、そのうち食べられるシーフードはクラゲくらいになってしまう」、「人間が放出する多量の二酸化炭素が引き起こす地球温暖化や大気中の二酸化炭素濃度が高くなることで起こる海洋酸性の影響が加わって、将来の寿司はかっぱ巻きとショウガだけになってしまう」……研究者は、冗談まじりに、しかし真剣なまなざしでこう警告する。今の傾向が続いた後、五〇年後の魚市場の姿を想像すると空恐ろしくなる。人間活動は長い間、海の環境との「衝突コース」を進んできた。今こそ、この方向を転換し、海の環境と生物多様性を守るために社会や経済の姿を根本から変えることが求められている。

進む乱獲

国連食糧農業機関（FAO）などによると、世界中で漁業や関連産業で生計を立てている人の数は約八億人に上る。水産物は人間のタンパク源の二〇％近くを占めるとされ、魚を主食としている人の数は約三〇億人、世界人口の約四〇％に達するという。最近では食べる量が減ってきたとはいえ、日本人にとっても海の生物多様性は非常に重要な恵みをもたらしてくれる。

だが、世界各地の海では今、魚の乱獲が深刻化し、漁業の対象となった魚が絶滅危惧種とされるまでになっている。漁業資源の減少は、海とその生態系が直面する大きな危機の一つだ。

世界の水産物の生産量は、長きにわたって増加し、一九六〇年には三〇〇〇万トンだったものが、二〇一六年には二億トンを超えるまでになった。この間に世界人口が約三〇億人から七五億に増えたことが大きな理由だが、一九六〇年代には年間約九キロだった一人当たりの水産物の消費量も二〇一二年には同一九キロを超え、この間にほぼ二倍になっている。特にアジアの新興国での増加が著しく、この傾向は今度も続くことは確実だ。

海の生態系が人間にもたらしてくれる海の恵み、生態系サービスは非常に大きく、しかも本来、とても効率的で安かった。養殖はしなくても魚介類は自然の中で、勝手に増えてくれる。資源が増えた分だけを利用していれば、その資源を持続的に利用することができる。元本に手を付けずに、利子だけで生活しているようなものだ。だが、魚の資源管理は非常に難しい。自分が魚を捕り過ぎないようにと自省していても、隣の漁師がそれを捕ってしまったら意味がない、それなら自分が捕った方がいい、と多くの漁師は考えるだろう。だれでもが漁業に参入できる状況では、多くの漁業者が自分の漁獲を最大にしようと努力することによって、資源は枯渇の危機に瀕する。米国の生態学者、ギャレット・ハーディンが指摘した「コモンズ（共有地）の悲劇」が起こることによって、多くの漁業資源の乱獲が進み、一部は枯渇状態といわれるまでになってしまっている。

ＦＡＯが二〇一八年に発表したデータに、世界の主要漁業資源について「資源が枯渇または乱獲状

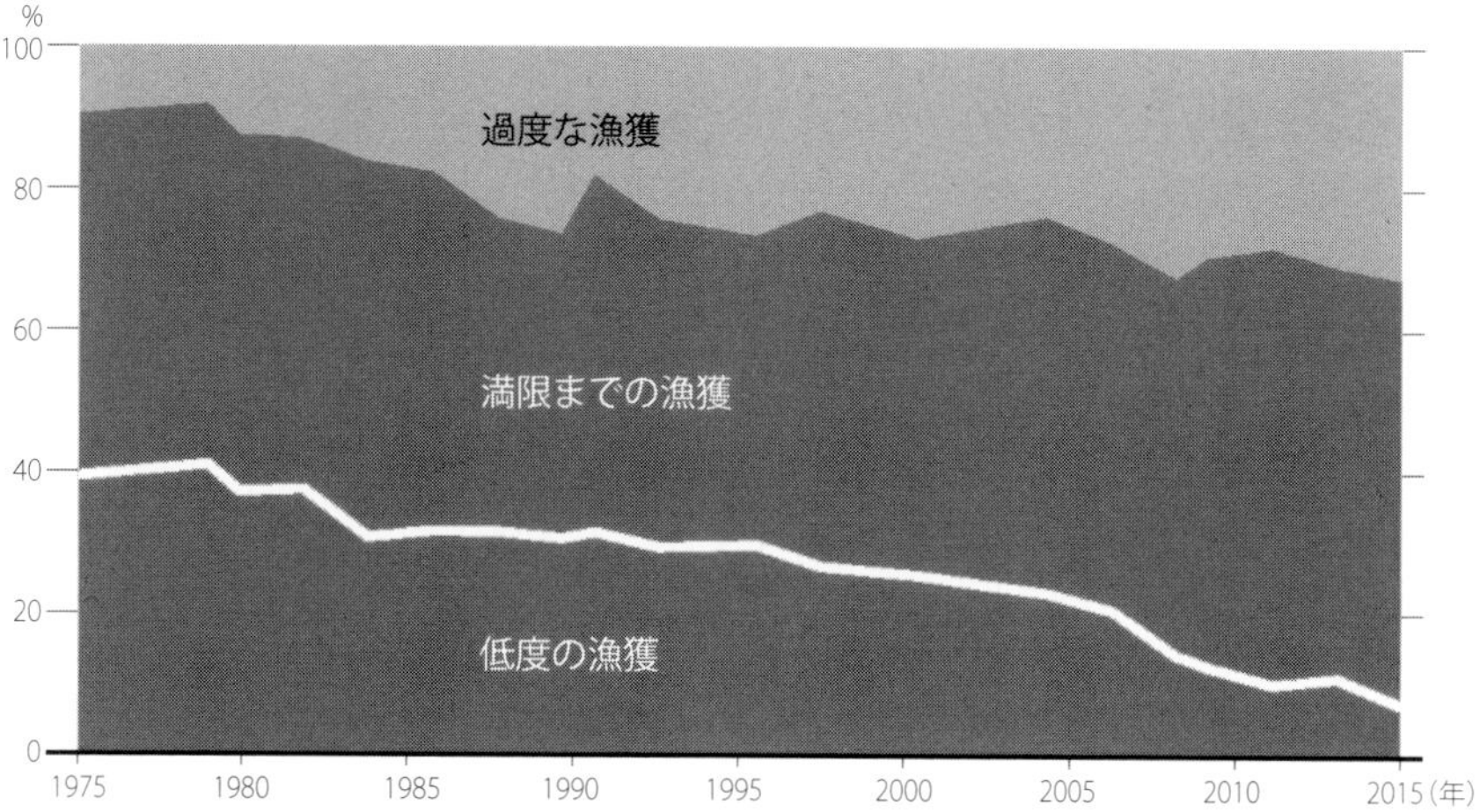

図1　世界の主要漁業資源の推移（FAO 2018）

態にある資源」「これ以上漁獲を増やせないレベルにまで漁獲されている資源」「まだ漁獲量を増やす余地がある資源」の三つに分類してその推移をみたものがある。過剰に漁獲された資源の比率は一九七四年には一〇％程度だったが、年を追うごとに増加し、二〇〇八年には三〇％を突破、二〇一五年には三三％までに増えた。逆に漁獲を増やす余地がある資源の比率はどんどん小さくなっている。

満限まで利用されている資源の中でも、タイセイヨウタラやカラフトシシャモなどは、過剰漁獲状態にある地域系群の割合が高いとされているし、ビンナガ、メバチ、大西洋クロマグロ、ミナミマグロ、太平洋クロマグロ、カツオやキハダといったマグロ類でも四三％の資源が生物学的に持続可能でないレベルまで過剰に漁獲されている状態にあるとされている。

世界の水産物の生産量は年々増えているが、それを支えているものの多くは養殖によるもので、天然の魚介類の漁獲量は一九九〇年代半ばに頭打ちとなり、近年は減少傾向になっている。

絶滅の危機まで

乱獲に海洋汚染や海洋開発による生息地の破壊などが加わって、実際多くの海の生物に絶滅の危機が生じるまでになっている。

シロナガスクジラやナガスクジラ、セミクジラなど多くのクジラを絶滅の危機に追い込んだ商業捕鯨は、人間が海の生態系や生物多様性に大きな影響を与えた典型的な例だ。捕鯨対象種となったクジラ類のいくつかは国際捕鯨委員会（ＩＷＣ）による捕鯨モラトリアムの導入などによって大規模な捕鯨がほとんど行われなくなった結果、個体数が増加傾向に転じ、絶滅の危機から脱しつつあるものがある。だが、シロナガスクジラなどの絶滅の危機は続いている。北大西洋のセミクジラのように依然として個体数の減少傾向が続いている種もある。捕鯨の対象種ではないが、現地の言葉で「バキータ」と呼ばれるメキシコのコガシラネズミイルカは、最新の評価では成獣の数が二〇頭以下に減り、まさに絶滅寸前だ。漁網に絡まって窒息死することが最大の脅威だとされている。漁網への混獲や船との衝突など、絶滅の恐れが高いクジラを脅かすものは少なくない。

米国スミソニアン自然史博物館のニック・ペンソン博士は「ほとんどの大型クジラは捕鯨によって絶滅の直前にまで数が減った。回復しつつあるものもあるが、まだ、そのペースが遅い種もある。繁殖率が低いためだろう。今は捕鯨で殺されるクジラの数は減ったが、その何倍ものクジラが船との衝突や漁網への混獲で死んでいる。生息環境は悪化し、餌は減る一方、海中の騒音に悩まされている」と指摘している。

国際自然保護連合（ＩＵＣＮ）がまとめている世界のレッドリストではこれまで太平洋と大西洋のクロマグロ、南半球のミナミマグロ、日本でも大量に消費されているやや小型のメバチマグロが絶滅危惧種とされていた。最新の評価では大西洋や太平洋のクロマグロは漁業規制の成果もあって資源が回復傾向にあり、絶滅危惧種のリストから外れた。これは国際的な資源管理の大きな成果だ。だが、ミナミマグロとメバチマグロは依然として絶滅危惧種とされており、一層の努力が必要であることはいうまでもない。

最近、世界的に懸念が高まっているものは、高級中華食材のフカヒレ目当ての乱獲が激しいサメやエイの状況だ。ＩＵＣＮが二〇二一年に発表したサメやエイの包括的調査では、これまでデータ不足とされていた種の多くが減っていることが判明し、絶滅危惧種とされた種の数は三〇〇種を超えた。これは評価した種に占める比率は全体の三七％に上る。現存する最大の魚類であるジンベエザメやウバザメ、ホオジロザメ、シュモクザメ類などのほか、日本も漁獲実績があるアオザメやアブラツノザメなども含まれる。大型のサメ類の中には、本格的な漁業が始まる前に比べて生息数が九〇％以上減ったとされるもののも少なくない。

世界中の海で規制を無視した漁業が横行し、密漁や乱獲がなくならないことが大きな原因だ。保護対策を求める声が高まる中、日本国内でもフカヒレの提供をやめるホテルなども出てきた。

資源の悪化が指摘されるヨゴレ、シュモクザメ類など一部のサメは、地域漁業管理機関（ＲＦＭＯ）

で保持が禁止されているほか、ジンベエザメ、ウバザメ、ホホジロザメ、シュモクザメ類、イトマキエイの仲間などは絶滅の恐れがある野生生物の国際取引を規制するワシントン条約の付属書に掲載され、国際取引が規制されている。だが、これが種の保全に十分な効果をあげるまでにはいたっていないのが実情だ。ほかにも、タツノオトシゴ、マンボウ、ハタの仲間など絶滅危惧種とされる漁業対象種は増える一方で、中にはワシントン条約の規制対象種とされるものも少なくない。ワシントン条約の締約国会議では、過去一五年ほど、毎回、サメなどの漁業対象種を取引規制の対象とするべきだとの提案がなされ、これに反対する日本などの漁業国との間で激しい議論が交わされるようになっている。結果的には反対多数で否決されたが、二〇一〇年、ドーハでのワシントン条約の締約国会議で、太平洋クロマグロの国際取引を禁止すべきだとの提案がなされメディアの大きな注目を浴びたことは記憶に新しい。

日本の沿岸は壊滅的

日本の沿岸では寒流と暖流がぶつかる好漁場が形成される。南北に長い列島周辺の海の生物多様性は非常に豊かであることが知られている。

それを科学的に評価したものとして、海洋研究開発機構と東京大などのグループが二〇一〇年に発表した、日本の排他的経済水域（ＥＥＺ）内での生物種の多様性についての包括的な解析結果がある。国際的な海の生物の調査「海洋生物センサス」の一環として行った解析結果によると、日本近海で確認された生物数は、バクテリアからジュゴン、クジラなどの哺乳類まであわせると三万三六二九種で、未確認だが出現すると予測される種数まで含めて、現在の日本近海に分布する推定種数は一五万五五四二種に上った。軟体動物が最も多い約八六〇〇種で、節足動物の約六四〇〇種がこれに次いだ。日本近海にしかない「固有種」の数も少なくとも一八七二種に達した。「日本近海は、全海洋生物種数の約一四％が分布する、極めて種の多様性が高い「生物多様性のホットスポット」であることが分かった」というのが研究グループの結論だ。

これらの豊かな生物多様性が、古くから日本人の食卓を支えていたのだが、今や日本の沿岸の漁業資源の状況は極めて深刻だ。水産庁はサバやアジ、スケトウダラ、イワシなど重要な漁業資源五〇魚種八四の系統群について、資源状況を、高位、中位、低位の三ランクに分類、資源の動向を増加、横ばい、減少の三分類に分けて行った評価結果を毎年公表している。二〇一八年度の結果は、評価が終わった七九系群のうちほぼ半分の四〇系群が「低位」で、「高位」のものは一三系群しかない。低位の中にはマサバやスケトウダラ、ホッケ、トラフグ、イカナゴなど日本人が長い間利用してきた身近な魚が多い。その上、ホッケやスケトウダラ、キンメダイ、トラフグなどは低位な上に減少傾向にあり、資源状況は極めて深刻だ。これらについては漁獲量の削減が急務で、中には禁漁が必要なレベルに達しているものまである。しかも、この評価は過去一〇～二〇年ほどの資源の動向に基づくものなので、それ以前に大幅に減った資源でも「中位」「増加傾向」とされることがある。実際の状況はこの数字が示す以上に深刻である可能性が高い。

環境省が、日本周辺の絶滅危惧種をまとめたリスト「レッドリスト」では、沖縄のジュゴンが「極めて絶滅の恐れが高い種」とされているし、汽水域にすむアリアケヒメシラウオ、アオギスなども絶滅危惧種だ。完全に海の魚ではないが、ニホンウナギが絶滅危惧種とされたことも大きな話題になった。日本周辺の海の豊かな生物多様性は今、極めて危機的な状況にある。

海賊漁業

漁業資源の悪化に拍車をかけ、海の生物多様性を脅かす行為として世界的に注目されているものにＩＵＵ漁業というものがある。ＩＵＵとは「違法・無報告・無規制（Illegal, Unreported and Unregulated）」の英語の頭文字をつなげたもので、国際的な資源管理機関が定めた規制を無視したり、漁獲量をごまかして漁獲枠を守らなかったりという形で不当な利益を得る漁業のことを指す。ＩＵＵ漁業は各国の主権が及ばない公海で多いが、国の領海やＥＥＺの中でも起こっている。高価で取引されるマグロ類やフカヒレ目当てのサメなどが主なターゲットだ。

ＦＡＯなどによると、ＩＵＵ漁業と呼ばれる活動の規模は、公海だけで年間一二・五億ドルに達する。これにＥＥＺを含めると総額は二四〇億ドルと、世界の総漁獲額の一八％にも上るという。地域漁業管理機関に参加しない国があったり、参加していても規制に従わない国や漁船が存在したりするケースが後を絶たず、漁船の中には船籍が明確でない船や船籍を頻繁に変えて規制を逃れる例も少なくない。漁業管理機関の監視活動は不十分な上、罰則もほとんどなく、海の上で輸送船に漁獲物を転載してしまえば、違法な漁獲物かどうかをチェックすることも難しくなることがＩＵＵの横行を許している。

ＦＡＯは「ＩＵＵは減少が著しい世界の漁業資源の状況をさらに悪化させるだけでなく、規制を守って操業している漁業者の収入を奪う結果にもなっている」と指摘する。船の名前を消したり、別の船の名前を記したりするほか、操業場所を報告する監視装置のスイッチを切る、地域漁業管理機関に加盟していない国に船籍だけを移すなど、手口はさまざまだ。

ＩＵＵの撲滅は国際的な課題となっている。二〇一七年一二月、国連総会はＦＡＯが提案して持続可能な漁業に関する決議を採択し、毎年六月五日を「ＩＵＵ漁業と闘う国際デー」として宣言した。

この日は、ＩＵＵ漁業を終わらせることを目的に、水産物を水揚げする国に強制力をともなった権限を持たせることなどを定めてＦＡＯが主導してまとめた初の国際条約「違法漁業防止寄港国措置協定（ＰＳＭＡ）」が発効した日である。二〇一八年の六月五日には世界発の「ＩＵＵ漁業と闘う国際デー」が祝われた。カナダのドミニク・ルブラン漁業海洋相はこの日、「世界中の漁業資源と食料安全保障に悪影響を与えるＩＵＵ漁業は健全で持続可能な海への大きな脅威だ」と述べた。ＦＡＯは「この国際デーは、違法漁業と闘うために世界、地域、そして各国で行われている取り組みを再確認する重要な機会だ」と指摘。「ＩＵＵ漁業との闘いの重要性についての意識を高めるために、加盟国、漁業組織、市民社会組織、水産業界、諸費者団体が実施するあらゆる活動を歓迎する」と取り組みの強化を求めている。

これに先だって国連で二〇一五年に採択された持続可能な開発目標（ＳＤＧｓ）にもＩＵＵの問題が明記されている。「海洋と海洋資源を持続可能な開発に向けて保全し、持続可能な形で利用する」との目標一四の中のターゲット一四・四には「二〇二〇年までに、漁獲を効果的に規制して、乱獲やIUU漁業および破壊的な漁業慣行を撤廃」すると明記されている。だが、すでに述べてきたことから明らかなように、このターゲットは達成できなかったといっていい。

IUUは日本にも

多くの水産物を輸入し、消費している日本もIUU漁業からは決して無縁ではないことを印象づけたのが英国の環境保護団体「環境正義基金（EJF）」が二〇二一年に発表した「違法な操業や船員への人権侵害が常態化する多数の中国漁船で漁獲されたマグロなどが、日本の市場に持ち込まれた可能性が高い」との中国漁船と日本企業のマグロ取引に関する調査結果だ。EJFは二〇一七～二〇年、西太平洋やインド洋、大西洋などで操業し、日本に関連するとみられる一九隻の中国漁船に乗船していたインドネシア人船員約一七人にインタビューし、船上での写真を多数、入手した。ほぼすべての船員が、サメのヒレだけを切って胴体を捨てる手法「フィニング」が大規模に行われていたと写真を示して証言した。フィニングは国際的な地域漁業管理機関によって原則として禁じられている典型的なIUU活動だ。

EJFは漁船員の証言や写真、人工衛星を使った位置情報による航路データを分析し、漁船と接触した冷蔵・冷凍運搬船への洋上転載や積み荷の行き先などを調べた。その結果、これらの中国漁船から、約一〇隻の日本向け運搬船にマグロやカジキなどが積み替えられ、静岡県の清水港などに運ばれたことが分かった。「日本の国旗を掲げた運搬船にマグロを転載した」と証言した船員もいた。マグロを転載した中国漁船には「奴隷労働」を理由に米国政府が五月に禁輸措置を取った中国大連市の遠洋漁業会社の船も複数含まれていた。

船上では中国人船員によるインドネシア人船員への暴言や暴力、長時間労働が常態化し、契約通りに給料が支払われないケースも多かったとの証言が相次いだ。

これらの船では船員への給与未払いなど搾取的な「奴隷労働」も横行するとされ、監視の目が届きにくく「洋上は無法地帯」との指摘も出る。

「月四八〇ドル（約五万二〇〇〇円）の給料のはずだったが、一四カ月働いた後も一切、受け取れなかった」。中国漁船に乗り組んだインドネシア人船員は、ＥＪＦの調査に実態を証言した。

別の船員は「事前の契約にあった給与の額から、安全訓練や健康診断の代金などとして一四〇〇ドルが天引きされた」と説明。結果的に仲介業者への借金が残ったという。

船員によると、厳しく規制されているサメの「フィニング」が日常的に行われ、切り取ったヒレは食品の箱に入れ、食品冷蔵庫に隠すなどして検査の手を逃れた。シュモクザメなど絶滅危惧種とされ漁業が禁止されているサメが含まれていた。

船上で撮影されたビデオには船員が引き上げたサメのヒレを切り取り、体を海に投げ捨てる様子が鮮明に残っていた。

捕獲が禁止されているイルカやウミガメを故意に捕ることもあり、甲羅や歯だけをアクセサリーや記念品として持ち帰っていたとの証言や写真も複数得られた。

これらのＩＵＵと日本の市場も無関係ではなかった。ＥＪＦの調査対象には、二〇二〇年五月、大規模な違法フカヒレ漁や深刻な人権侵害が発覚した中国の「大連遠洋漁業金槍魚釣有限公司」の漁船も含まれる。

ＥＪＦは、中国漁船から漁獲物を移し替えた運搬船に、三菱商事の子会社が運用する船が含まれると指摘した。三菱商事は共同通信の取材に「環境保護団体に指摘された運搬船の中に当社の子会社が用船するものが四隻あるが、ＩＵＵ漁業や人権侵害があったことは、当社も子会社の東洋冷蔵も確認していない。中国漁船の活動については当該の漁船の船主に確認してほしい」とコメント。「取引がある漁船の船主とは直接の対話を通じて人権や持続可能性に関する意見交換をしているほか、サプライヤーへのアンケートを毎年実施し、課題が見つかれば現地調査の要否を判断する仕組みを採用している。マグロの転載などは国際ルールにのっとって透明性を確保している」と回答した。

このように、時には大手企業の関与も指摘されるＩＵＵ漁業対策は国際的な課題だが、実態把握や根絶は困難だ。洋上では多数の漁船から大きな運搬船に漁獲物を転載することが一般化しており、これも合法品と違法品との区別を難しくしている。

カナダ・ブリティッシュコロンビア大などの研究チームは二〇一七年、「日本が二〇一五年に輸入した主要な天然水産物のうち、ＩＵＵ漁業からの製品が全体の三割程度にもなるとする推計を国際雑誌に発表している。研究チームは、日本が水産物を多く輸入する中国、台湾、米国、ロシアなど九カ国・地域の貿易データを分析。業者や税関職員にも聞き取りし、メバチマグロやウナギ、サケ、イカなど二七品目で違法な水産物の量を推定した。その結果、これらの国・地域から一五年に日本が輸入した四九万五七九二トンのうち、一二万一五三八〜一八万四七七四トン（二五〜三七％）が違法や無報告の漁獲と判明した。比率では中国のウナギが最大で輸入量の七五％、一万三六〇三トンに達したと推計され最も高かった。量が最も多かったのは中国からのイカとコウイカで、計二万六九五〇〜四万二三五〇トン。これに米国のスケトウダラ、台湾のメバチマグロ、中国のウナギ、ロシアのサケが続いた。日本人もかなりの量のＩＵＵシーフードを食べていることになる。

進むＩＵＵ対策

ＩＵＵ漁業対策を進める上で重要な国際的な取り決めが、先に紹介した二〇〇九年に採択された「寄港国措置協定」だ。ＩＵＵ水産物が輸入されるのを防ぐため、怪しい船の入港拒否権や臨検を行う権利を、漁船が寄港する国に認めるなどの内容で、一六年に発効した。現在、日本を含む五四の国と欧州連合（ＥＵ）が加盟している。

協定の批准に向け、ＥＵは、水産物の輸入業者に漁獲場所や方法などを記した漁獲証明の提出を義務づけるなどの規制を導入した。ＩＵＵに関与しているとみられる国には警告の「イエローカード」を発行、改善がみられなければ「レッドカード」を出して輸入を禁じるという制度も始めた。米国も、クロマグロやサメ、カニなどを対象に漁獲証明の提出を義務づける「水産物輸入監視制度」を導入するなど、各国で対策が進んでいる。

日本は協定を批准したものの強制力のあるＩＵＵ対策は未整備だ。国内でも密漁や無報告漁業が横行する一方、罰則が軽いことなどが問題視され、対策の遅れが目立つ。先のブリティッシュコロンビア大のチームも日本の取り組みの遅れを指摘し「対策を強化しないと、欧米に輸出できない違法な水産物が今後、さらに日本に入ってくる」と警告している。

密漁や無報告漁業は日本国内でも横行している。海上保安庁が二〇一七年摘発した海上犯罪七九六二件のうち、漁業関係法令の違反は二六八一件で前年比約一一％増。悪質な組織的密漁もあり、ナマコやアワビ、サケなど漁獲量が減って価格が高騰している水産物が狙われることが多い。

養殖用の稚魚、シラスウナギの減少が著しいウナギの密漁も深刻で、中央大の研究チームは、毎年、日本の養殖池に入れられるシラスウナギのうち約七〇％が、国内の無報告漁業や海外の密輸品などによるものだと指摘している。宮城県のあるマグロ漁業者は「マグロでは漁獲が一キロでも報告量より多ければ、厳しい罰則が科される。他の魚種でも、ＩＵＵをなくすために厳格なルールを作ることが重要だ」と指摘する。対策強化を求める声は漁業者の中にも強い。

対策の遅れが指摘されていた日本でもようやく二〇年一二月、国内外の水産物に漁獲証明を義務づける水産物の流通適正化法が成立した。だが、当面の対象は国内ではナマコとアワビ、シラスウナギの三種に限られる。

輸入水産物に適用される規制では、国際的にＩＵＵ漁業のリスクが高いとされている水産物を「特定第二種水産動植物」に指定し、対象種とされた魚を輸入する場合には、輸出元の国の政府機関等が発行する証明書の添付を義務づけることになった。

これまで欧米に比較して遅れが指摘されていた日本の水際ＩＵＵ対策が前進することになるが、

二〇二一年秋の段階の案では対象種サンマ、イカ、サバ、マイワシの四種のみ。リスクが高いと指摘され、価格も高いマグロやカニなどは当面含まれない見通しで、実効性には疑問符が付く。ＩＵＵ漁業の問題に詳しい真田康弘・早稲田大客員准教授も「日本の取り組みは遅れており規制強化が急務だ。規制が遅れれば、欧米で受け入れられなくなったＩＵＵ水産物が規制の緩い日本に流入するリスクが高まる」と指摘しており、環境保護団体は、早急に対象を全魚種に広げるよう求めている。

グローバルコモンズの行方

冒頭でも紹介したように漁業資源の乱獲は「コモンズの悲劇」の典型例だといえる。だれでもが自由に資源の採取に参入できる状況を、適切な規制によって制限し、科学的な知識と予防原則に基づいた資源管理を行わなければ、悲劇の終幕はやってこない。

国連海洋法など現行の国際的な枠組みでは、沿岸から二〇〇カイリ以内の領海とＥＥＺに関しては各国の管理と規制に任されている。関係者が基本的に国内に限られるこれらの海域の管理は比較的容易なはずだが、多くの国がコモンズとしての水産資源の管理に失敗してきた。それでも近年、多くの国で資源の科学的な管理に進展がみられ、沿岸資源の持続的な利用への道を進み始めた例も少なくない。

問題はＥＥＺの外側の「公海」と呼ばれる海域だ。その面積はＥＥＺの二倍以上、海水の体積はそれ以外の海域の一〇倍にもなる広大な領域だ。その日本語が示すようにこれらの海は基本的に公のものとして万人に開かれている。公海はいずれの国の支配下にもなく、すべての国による使用のために開放され、各国が自由に資源の採取や航行ができる「公海自由の原則」がある。

公海の水産資源はもちろん、人間が引き起こした地球温暖化に起因する熱や、人間が大量に放出する二酸化炭素を吸収する能力に注目すれば、公海は巨大なグローバルコモンズ、人類の共同財産だといえるのだが、公海自由の原則によってコモンズの悲劇が顕在化しているのが現在の状況だ。

公海に存在する資源として国際的な注目を浴びているもの公海の海底に存在する鉱物資源と公海の漁業資源がある。前者については、国連組織の「国際海底機構（ＩＳＡ）」が設立され、鉱区を国際的に管理している。環境影響評価（アセスメント）などに関するガイドラインなども公表されている。漁業資源と違う基本的には採取したらなくなってしまう「非再生資源」であるだけに実際の資源管理は困難を極めるはずなのだが、深海底の鉱物資源の採取がこれまでほとんど行われてこなかったこともあってこの分野ではそれほど大きな問題も国際的な論争も今のところ発生していない。

問題は後者の漁業資源である。世界人口の増加によって漁業資源の需要は世界的に高まる傾向にある。かつての公海漁業は、先進国とごく一部の発展途上国に限られてきたが、途上国の経済発展によって公海漁業への参入者は増えてきた。しかも、漁船や漁業技術の急速な発展によって資源への圧力も増す一方である。コモンズとしての公海漁業資源が「悲劇」に向かう条件は、海底資源とは違ってそろい過ぎている。

乱獲が深刻になったマグロやカジキなどの大型魚の資源管理を行うために設立された国際機関が先に述べた地域漁業資源管理機関（ＲＦＭＯ）であり、ＲＦＭＯには、沿岸国や公海漁業国などが参加し、対象となる海域で対象となる資源の保存管理措置を議論し、決定する。資源評価や勧告を行う科学委員会なども設置され、漁獲量や漁法、漁具などに関する規制などを決めることになっている。当初はマグロ資源が対象だったが、近年では、対象種も増え、ＩＵＵ漁船リストの作成や共有、漁船の監視を行うモニタリングシステムなどが導入されるケースもある。マグロ資源に関しては日本のＥＥＺを含めた水域を管理する中西部太平洋マグロ類委員会（ＷＣＰＦＣ）や大西洋クロマグロを管理する大西洋マグロ類保存国際委員会（ＩＣＣＡＴ）、インド洋のインド洋マグロ類委員会（ＩＯＴＣ）など五つがあり、日本はすべてに加盟している。

だが、このＲＦＭＯについては、その実効性に関して多くの問題点が指摘されている。ＲＦＭＯの議論に参加するのは、各国で漁業政策を管轄する官僚がほとんどであるため、議論は漁業者の利害に大きく左右され、環境保全や生物多様性保全の視点が反映されるチャンネルは少ない。ＲＦＭＯと同様に、公海を含めた海の野生生物の保全の大きな役割を果たすワシントン条約の締約国会議に比べて、環境ＮＧＯの関与も発言力も低く、透明性も低い。

ＲＦＭＯの意思決定はほとんどの場合、加盟国のコンセンサスによって決められるために、決定は多くの場合、各国の妥協の産物であって、迅速性も実効性も乏しいことが指摘されて久しい。一部には罰則や取引禁止などの措置を持つＲＦＭＯもあるが、多くの場合、規制の強制力も乏しい。決定が加盟国の投票という多数決で決められ、取引の禁止まで含むワシントン条約とは、この点でも大きく異なる。

このほかＲＦＭＯの大きな問題点として漁業国に加盟のインセンティブが少ないこともあげられ

る。国際的には公海自由の原則とともに、自由貿易の原則もあるため非加盟国が漁獲した水産物の取引を、非加盟、協定非遵守を理由に規制、拒否することは難しい。しかも、新規加盟国があった場合、その国に一定の漁獲枠を与えなければならないので、加盟国は時に、新規加盟国が増えることを歓迎しないという状況もある。

ここに自由だけを享受し、自由にともなう義務を果たさない「フリーライダー」が容易に生まれる構造が存在しているといえる。オゾン層保護のためのモントリオール議定書には、議定書非加盟国のフロン類の取引を禁止する強力な条項があったし、ワシントン条約にも非加盟国との取引規制措置が存在する。これが協定への加盟と規制遵守の大きなインセンティブになったのだが、多くのＲＦＭＯの協定は、そのようなインセンティブを生むような姿にはなっていないのが実情だ。

公海を含めた海の生物多様性保全の重要性が高まり、生態系全体に配慮した意思決定が必要とされる中、単に漁業のターゲットになっている限られた種だけを対象とするＲＦＭＯの取り組みにも大きな限界があることも容易に理解できるだろう。

ＲＦＭＯが、その透明性を向上させ、説明責任を果たす努力を強化するべきだとの国際世論は高まっている。二〇一二年六月にブラジルのリオデジャネイロで開かれた「国連持続可能な開発会議（リオ＋20）」の成果文の中にも、この文言が盛り込まれた。

近年、ＲＦＭＯのいくつかでは実効性のある強力な規制の導入やＮＧＯなど漁業関係者以外の参加、透明性の向上などを進める動きがあり、一部では改善の兆しがあることも指摘されているが、ＲＦＭＯが抱えるこれらの構造的な問題点が解消されたとは言い難い。

新たな協定への道

グローバルコモンズとして管理しなければならないのは、限られた漁業対象だけにとどまらない。沿岸も公海も、海は漁業者だけのものではないので、多くのステークホルダーが参加して公海の環境や資源の適切に管理するシステムを作るべきだとの声が高まっている。

しかも海の環境では地球温暖化による水温上昇や酸素濃度の減少、漁業資源の分布の変化や減少、大気中の二酸化炭素濃度の上昇が引き起こす「海洋酸性化」など気候変動の影響が顕在化しつつある。鉱物資源の需要増加や技術進歩を背景に、深海底の鉱物資源の大規模な「採掘」も現実に近づきつつある。二〇一〇年、名古屋市での生物多様性条約の第一〇回締約国会議で、生物多様性の利用から得られる利益の公平な配分に関する「名古屋議定書」が採択され、発効したことなどを受け、発展途上国には「公海の生物多様性から得られる利益の公平な配分も必要だ」との声が高まり始めた。

その中で議論の俎上に上ってきたのが公海の環境や生物多様性を保全し、環境保全に適合した形で持続的に利用することを目指す国際協定の策定だ。それが国連の場で最初に議論されたのがリオ＋20の場だった。

会議に先立つ二〇一二年二月、国連教育科学文化機関（ユネスコ）などの研究グループが、世界の主要な漁業対象種の三二％で過剰な漁獲が進み、富栄養化によって生物が暮らせなくなる「死の海域」が世界各地で四〇〇カ所も確認されるなど、多くの人々に重要な海と沿岸の環境破壊が深刻化しているとの調査報告を発表した。研究グループはリオ＋２０に向け、沿岸から公海に及ぶまでの海の環境保全のための国際プログラム作りや海洋保護区の拡大などを提言した。

報告書によると、太平洋のクロマグロや北太平洋のタラなど世界の主要な漁業対象種のうち「乱獲状態か乱獲によってすでに枯渇している」とされたものは七四年には一〇％にすぎなかったが、二〇〇八年は三二％にまで増加。逆に漁獲量を増やす余地がある資源は四〇％から一五％に減るなど乱獲が深刻化している。

農場で大量に使われる窒素肥料や下水が海に流れ込んで富栄養化し、生物がすめなくなる「貧酸素海域」の数は、六〇年代の四九カ所から〇八年には日本近海を含む四〇〇カ所超に増加。英国の面積に匹敵する二四万五〇〇〇平方キロに上るなど、汚染が海の環境悪化に拍車をかけている。このほか、大気中の二酸化炭素の濃度が上昇することによって起こる「海洋酸性化」や海水温の上昇なども続いていることにも言及し、「この傾向は今後、さらに進むと懸念される」と指摘した。研究グループは、今は全体の一％程度でしかない海洋保護区の拡大や、公海の環境を守るための国際的な仕組みの整備などを各国政府や国際機関に勧告し、リオ＋２０での合意を求めたのであった。

これらの動きを受け、リオ＋２０では、公海の環境保全のための国際協定の交渉開始を、採択される文書に盛り込もうとの機運が高まった。

だが、「違法な漁業活動で生態系が脅かされている公海の生物多様性を保全するため、早期に国際交渉を始める」との文言は採択文書案から交渉の最終局面で削除され、議論を二年以上先送りする表現に大きく後退した。

交渉関係者によると、米国やロシアが「決定は時期尚早だ」などと強く反対し、日本やカナダ、ベネズエラが同調した。環境保護団体は「少数の国の反対で公海の環境保全に極めて重要な機会が失われた」と五カ国を名指しで批判した。

関係者によると、事務レベル交渉で議長国ブラジルが「（公海の）生物多様性保全と持続的利用に関する交渉を、国連総会の枠組みの中に可能な限り早く立ち上げる」との案を示し、発展途上国やＥＵ、オーストラリアなど多くの国が支持した。

だが深夜に及んだ会議の最終盤の交渉で、米国やロシア、日本などがこれに反対。最終的には、国連総会の下にすでに設置されている海洋問題に関する非公式の作業部会で検討を続け、二〇一四年秋からの国連総会が終わる前に「公海の生物多様性保全と持続的な利用の問題を取り上げることを約束する」との弱い表現に変更された。

この経緯について日本政府筋は「非公式の交渉過程は明らかにできないが、現在は作業部会の議論がまだ続いている状態なので、当面はそこでの議論を続けるべきだというのが日本の主張だった」と説明、公海の資源管理では既存のＲＦＭＯで行うべきであり、新たな組織や協定は「屋上屋を架するものだ」と語った。

だが、日本などの抵抗によって先延ばしになった公海の生物多様性の保全と利用に関する国際協定作りの開始は二年後に現実のものとなる。

これこそが本書のテーマである「国家管轄権外区域の生物多様性（ＢＢＮＪ）」の保全と持続可能な利用に関する国連海洋法条約の下の新協定である。

現行の制度では公海の生物多様性を守るには不十分であって、新たな協定が必要であるとの声の高まりを受け、国連総会はリオ＋２０から二年後の二〇〇四年、ＢＢＮＪに関する協定の在り方に関する作業部会の設置を決定した。作業部会の議論は難航し、勧告がまとまるのは二〇一五年一月にまでずれこんだ。勧告を受けて国連総会は同年六月、ＢＢＮＪ新協定の交渉開始を決議、新協定の交渉開始が正式に決まった。

決議には「国の管轄外の海域で、生物多様性の保全と持続可能な利用のための法的拘束力のある文書を作る」と明記された。本書で多くの識者が後述するように、海洋保護区や利益配分のほか、公海での大規模な活動などに関する環境影響評価制度、発展途上国の科学研究や商業活動に対する先進国からの支援策や技術移転の在り方などを中心に条約交渉を進めることが盛り込まれた。

海洋保護区の設定が漁業活動の制限につながるとの懸念などから、日本は、ノルウェーなどの漁業国とともに、新条約制定に消極的な姿勢をとっていたが、新条約が既存のＲＦＭＯなどの活動を損なわないようにするとの文言を決議に明記することで賛成に回った。

リオ＋２０の議論から一三年もかかったことがこの問題の複雑さを象徴している。そして、決議はその後の長い議論のほんの始まりでしかなかった。国連総会は二〇一七年一二月の新たな決議で、交渉のための政府間会議の設立や会議の日程などを決め、交渉は本格化したが、議論はいまだに決着していない。ＢＢＮＪの交渉がいかに困難なものであるか、以下の論考から理解を深めて頂きたい。

2　深海の生物多様性に関する研究の歴史とＢＢＮＪ交渉

白山義久

はじめに

ＢＢＮＪ（Biodiversity Beyond National Jurisdiction）交渉は、国家管轄権外の海域（ＡＢＮＪ：Areas Beyond National Jurisdiction）の生物多様性を保全することを第一の目的としている。そこで、本稿では現状のＡＢＮＪの生物多様性に関する科学的知見について、その集積の歴史も含めてまとめ、そのうえで、現在ＢＢＮＪ交渉において、大きな争点となっている、公海に存在する生物がもつ遺伝資源（ＭＧＲ：Marine Genetic Resources）を、人類の共同の財産（ＣＨＭ：Common Heritage of Mankind）とすべきであるという主張の正当性について、科学的な事実に基づいた論考を行いたい。

1. 深海生物学の歴史

深海生物学の黎明期

ＢＢＮＪ交渉の対象海域である国家管轄権外の海域（ＡＢＮＪ）すなわち公海部分は、陸地から少

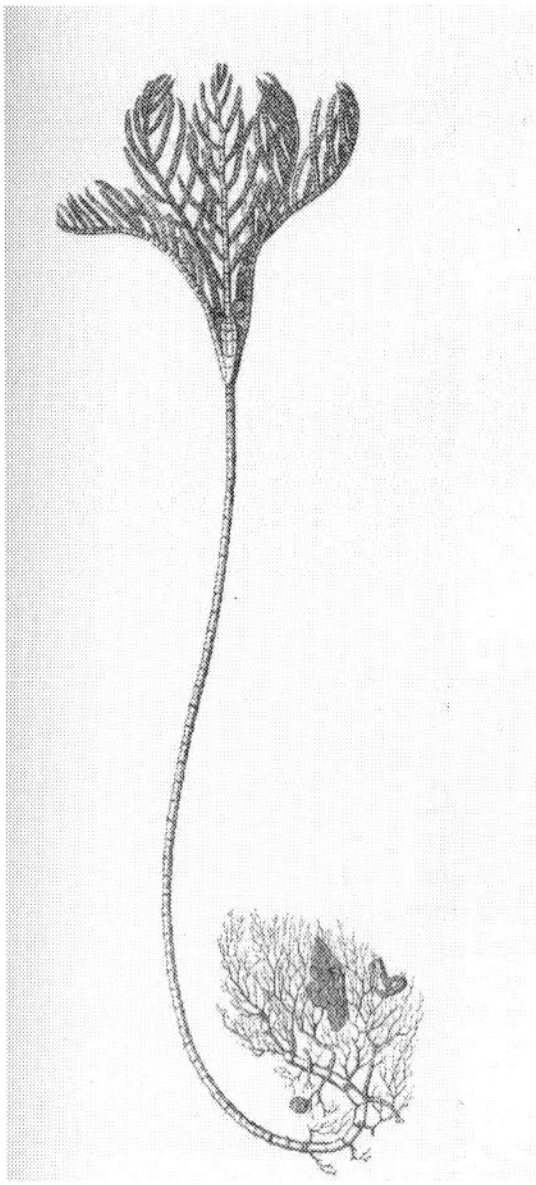

図1　深海生物学発展のきっかけとなったウミユリの一種（*Rhizocrinus lofotensis*, Freshwater and Marine Image Bank at the University of Washingtonより転載）

なくとも二〇〇カイリ離れている。そのため大部分は水深が深く、深海域が広がっている。まずはそこに生息している生物に関する研究の現状と歴史について、概観したい。

かつて、深海には生物はいない、と考えられていた（白山　二〇〇二）。有名なのは、Forbes（1844）による無生物仮説で、自身がエーゲ海で調査した結果に基づいて、水深五五〇m以深には、生物はいないと予測されると述べた。この考えは、当時の多くの研究者から支持を得た。なぜならば深海は、光合成補償深度より水深の深い場所なので、そこでは生態系全体を支える一次生産者、すなわち太陽の光エネルギーを利用して光合成を行う植物をはじめとする光合成生物が、太陽光が不足しているために生育できないからである。

しかし、この一九世紀前半の説は、一九世紀後半になって深海から次々と深海生物が採取されたため、完全に否定された。きっかけとなったのは、棘皮動物ウミユリの仲間の*Rhizocrinus lofotensis*（図1）という種の生きている個体が、ノルウェーのロフォーテンフィヨルドの水深九〇〇mの深海から採取されたことであった（Sars 1868）。

本種のような長い柄をもつウミユリ類は、恐竜が闊歩していた中生代のジュラ紀から白亜紀にはとても繁栄していたが、デボン紀に絶滅したと考えられていた。それが、生きた状態で採集されたので、正に生きた化石。当時の生物学者にとっては衝撃の発見だった。

この発見をきっかけに、欧米諸国は深海の生物を求めて、さまざまないわゆる探検航海を行った。最も有名なのは、英国のチャレンジャー号による世界一周の航海で、この船は、明治維新のころに船体修理のために日本にも立ち寄っている。そして多数の深海生物についての分類学的研究成果を出版した。つまり、一九世紀には、すでに公海域を含む深海に多様な生物が生息していることは、周知の事実となっていたのである。

海洋生物の多様性についての知見の集積

ＡＢＮＪにおける深海生物学は、その後も着実に知見を重ねてきた。その様子は、海洋生物に関する最も充実しているデータベースでありユネスコ政府間海洋学委員会（ＩＯＣ－ＵＮＥＳＣＯ）が所管する国際的な海洋生物に関するデータベースでもある、海洋生物多様性情報システム（ＯＢＩＳ：Ocean Biodiversity Information System）を参照するとはっきりと見て取れる。

一九〇〇年以前からはじめて、二〇二〇年までのＡＢＮＪにおける深海生物のデータ数の推移を一〇年ごとにまとめると、知見は着実に増加してきていることがわかる（次頁図2）。特に二〇〇〇年以降の伸びは著しい。これは、二〇〇〇年から二〇一〇年にわたって世界八〇か国五〇〇〇名近い海洋研究者が参画した国際的な海洋生物の多様性研究計画であった、「海洋生物センサス」（Census of Marine Life）の貢献が大きく影響していると思われる。この研究計画はＯＢＩＳの基礎を作ったものであり、その成果は、現在のＢＢＮＪ交渉においても、大いに活用されている。しかし、それでもデー

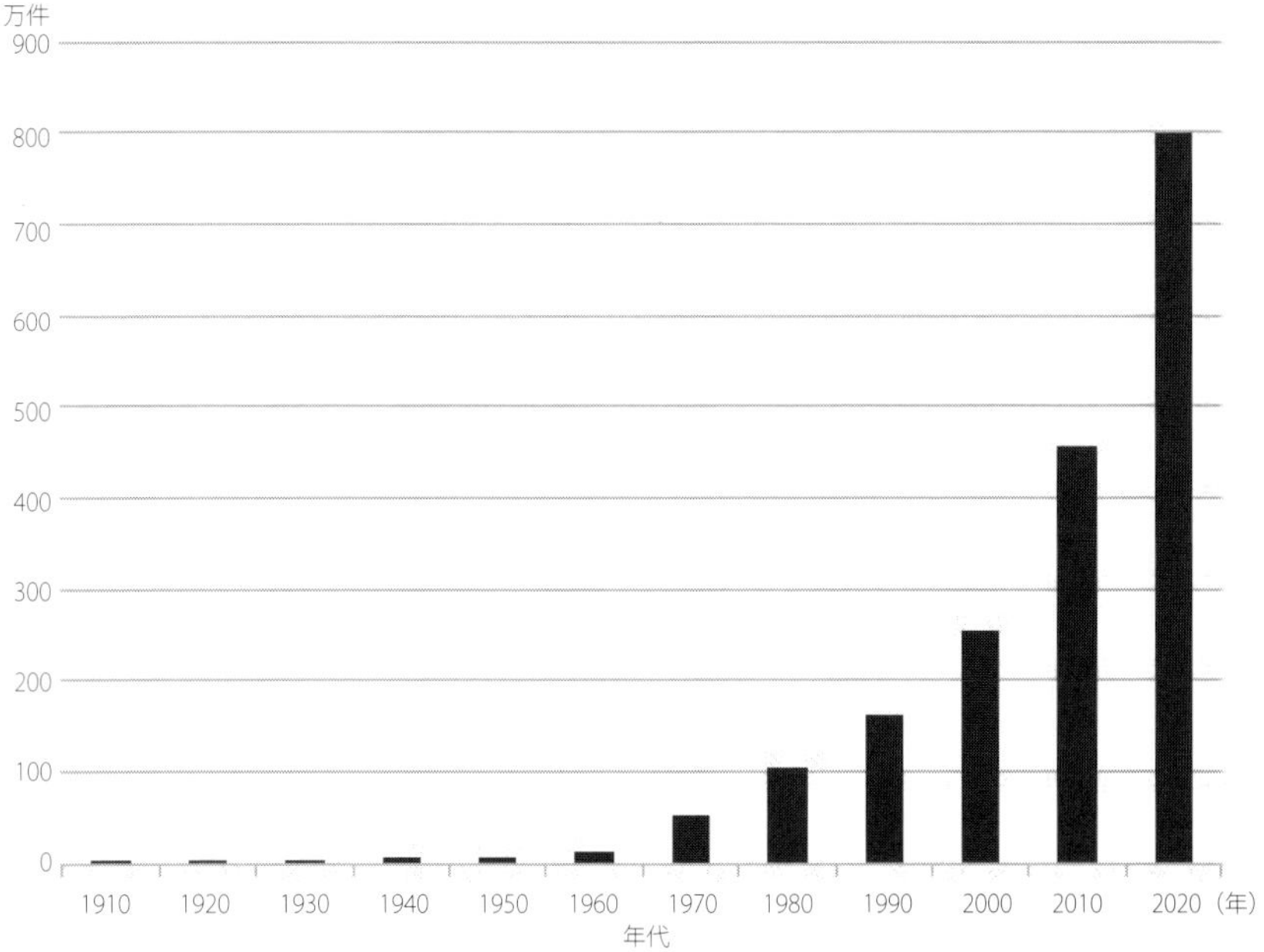

図２　OBIS に格納されている ABNJ から得られた生物データの年代別の累計
（2022 年 6 月 20 日現在のデータに基づく）

タ量は一・六億平方キロにも及ぶＡＢＮＪを理解するうえで十分とはいえない。現在の知見は、一〇〇平方キロ、つまり一〇キロ四方に一つのデータしかないレベルである。沿岸のデータを足しても、海洋生物の多様性の知見は、きわめて貧弱である。ＯＢＩＳに格納されているデータの数は、未だ一億に達していない。

データの不足は、そのまま海洋生物の多様性に関する知見の不足につながる。おおよそどの海域においても、研究者が初めて調査をした場合、かなりの割合の種が未記載種で、特に小型の底生生物（メイオベントス）の場合には、九〇％以上が未記載種である（National Research Council 1995）。まだまだ研究すべきことが多い海洋生物の多様性について、そして特にその解明が遅れている公海域において、Ｂ

ＢＮＪ交渉は、研究記載される前に絶滅してしまう恐れのある多数の種を保全する重要な役割を担っているといえるだろう。

化学合成生態系の発見

二〇世紀の海洋生物学の画期的な発見の一つとして、一九七〇年にパナマの沖で発見されたハオリムシ類をあげることができる（図３）。発見から数年して、一九七七年にガラパゴス諸島周辺の中央海嶺からこの動物をはじめとした多数の未知の動物からなる、驚異的な生物群集が発見された。熱水生態系と呼ばれるこの生物群集は、化学合成細菌が生態系を支える一次生産者であり、光合成生物がいないから、深海には生物は生息できないというForbesの考えは、この発見をもって完全に否定されたのである。この熱水生態系を代表するハオリムシ類には、消化管はなく、体内に共生する硫黄酸化細菌が地下から噴出する熱水に含まれる硫化水素をもとに化学合成する有機物を、唯一のエネルギー源として、生息している（Grassle 1985）。熱水生態系の生物は、どれも大型で、ガラパゴスハオリムシの全長は一ｍを超え、その生物量は、一平方メートルあたり一〇

図３　典型的な熱水生態系を特徴づける生物のガラパゴスハオリムシが密集して生息している、ガラパゴス諸島沖の中央海嶺（NOAA Okeanos Explorer Program, Galapagos Rift Expedition 2011 - Flickr NOAA Photo Library）

キログラムにも達する。一般の深海域の生物量は、一グラム前後なので、驚異的な密度で、大型の生物が蝟集しているといえる。ハオリムシ類は、共生する硫黄酸化細菌に、化学合成に必須の酸素と硫化水素とを周辺の海水から届けるために、発達した鰓《えら》をもち、その鰓の中に張り巡らされた血管には前述の二種類の分子を同時に輸送することができる特殊なヘモグロビンで満たされた血液が流れている。そのため、鰓は深紅の花のようにすらみえ、ガラパゴスハオリムシの蝟集する様子を初めて観察した地学系の研究者が、その場をローズガーデンと名付けたのもうなずける。

2. ＢＢＮＪ交渉における論点

ＡＢＮＪの生物は、ＣＨＭかどうか？

ＢＢＮＪ交渉においては、深海の生物が人類の共同財産（ＣＨＭ）であるかどうかが、大きな論点となっている。海の憲法とも称される国連海洋法条約（ＵＮＣＬＯＳ）においては、ＣＨＭが鉱物資源に限られていて、生物資源は含まれていないことが明示的に記されているが、それに対して、新たに制定されるＢＢＮＪにおいては生物資源とりわけ遺伝資源をＣＨＭとすべきであると主張されている。

そもそもＵＮＣＬＯＳにおいて、ＣＨＭはどのように規定されているのだろうか。第一三六条（人類の共同財産）において、深海底及びその資源は、人類の共同の財産である。と規定され、第一三三条（用語）においては、「この部の規定の適用上、（ａ）「資源」とは、自然の状態で深海底の海底又はその下にあるすべての固体状、液体状又は気体状の鉱物資源（多金属性の団塊を含む）をいう」とされている（長沼、

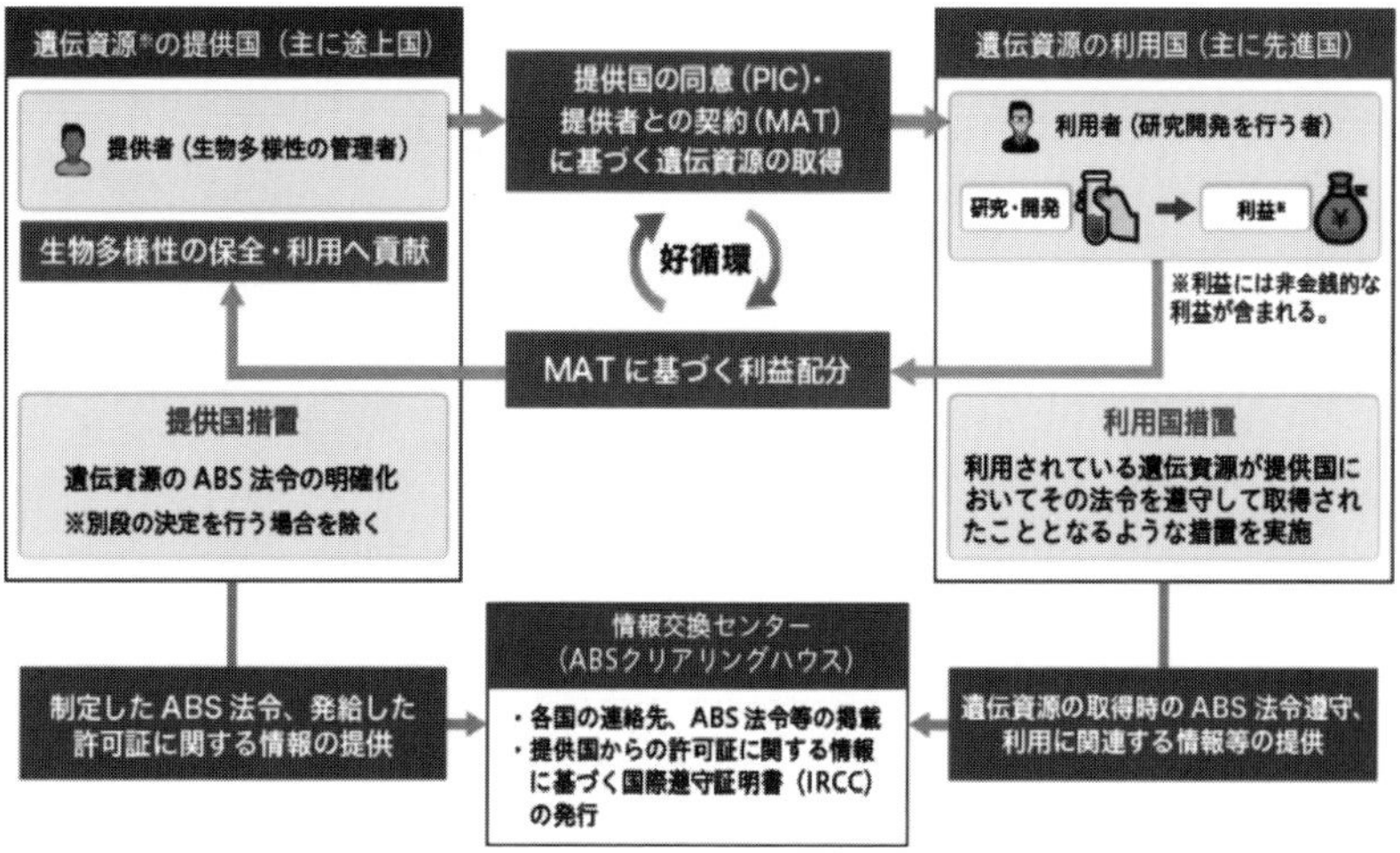

図４　名古屋議定書で制定されたABSの仕組みの概略（環境省ホームページ http://abs.env.go.jp/nagoya-protocol.html より転載）

二〇一九）。つまり、ＣＨＭとされるものは鉱物資源であり、生物を含まない。そして、この深海底鉱物資源から得られる便益を、ＣＨＭの概念に基づいて、加盟国に衡平に配分することを一つの使命として、国際海底機構（ＩＳＡ：International Seabed Authority）がジャマイカに設置されている。

しかし、ＢＢＮＪ交渉においては、ＣＨＭに深海の生物がもつ遺伝資源を含むべきであるという主張がされている。そのような主張をする理由は、生物多様性条約（ＣＢＤ：Convention on Biological Diversity）と深く関係する。二〇一〇年に名古屋で開催された生物多様性条約の第一〇回締約国会議（ＣＯＰ１０）において、ＣＢＤの目的の一つである、生物多様性から生じる利益の適正な配分（ＡＢＳ：Access and Benefit Sharing）に関連した法的拘束力をもつ名古屋議定書が採択された（図４）。この議定書では、資源の提供国に対して、利用者に向けた「事前情報に基づく同意（ＰＩＣ：Prior Informed Consent）」を与えることを求めるとともに、利用者は事前の相互に合意する条件（ＭＡＴ：Mutually Agreed Terms）に基づいて資源の配分を受けることになっている。しかし、名古屋議定書の対象は各国の管轄権の及ぶ範囲（ＥＥＺを含む）に存する生物多様性が対象となっているので、公海に存する生物多様性は対象とならない。発展途上国からみると、公海の遺伝資源から利益が生じても、何ら適正な配分は得られない。しかし、公海に存する生物の遺伝資源が、ＣＨＭであれば、人類の共同の財産であるから、その財産から生ずる利益については、深海底鉱物資源と同様に、すべての人類が適正な配分を受ける権利を主張できると考えているのである。

ＡＢＮＪの生物をＣＨＭとすべきであると主張の根拠は、そもそもＵＮＣＬＯＳの議論がされている時点で、深海底に生物資源があるということは、知られていなかったというものである。しかし、この主張の根拠は、事実無根である。すでに指摘したように、二〇世紀の初めには、深海に生物が生息することは周知の事実だった。このことを確認するために、ＵＮＣＬＯＳが国連総会で採択された一九八二年四月より前の時点で、公海に生息する深海生物に関する知見がどの程度あったかを、前述のＯＢＩＳで調べた（二〇二二年五月二七日時点のデータに基づく。年単位での検索なので、一九八一年までのデータに限定した）。すると、ＡＢＮＪ海域のデータは全部で一一五九万三三五六あり、水深一〇〇〇ｍ以深の生物に限定しても、一三万三七二五の記録があることがわかった。記録のある海域は、広く七つの海洋をカバーしていて、ある特定の海域の情報だけが集積されていたのではない（図５）。つまり、広い海洋のあらゆる場所で、深海生物は分布していることがＵＮＣＬＯＳ採択以前に知られていたのである。

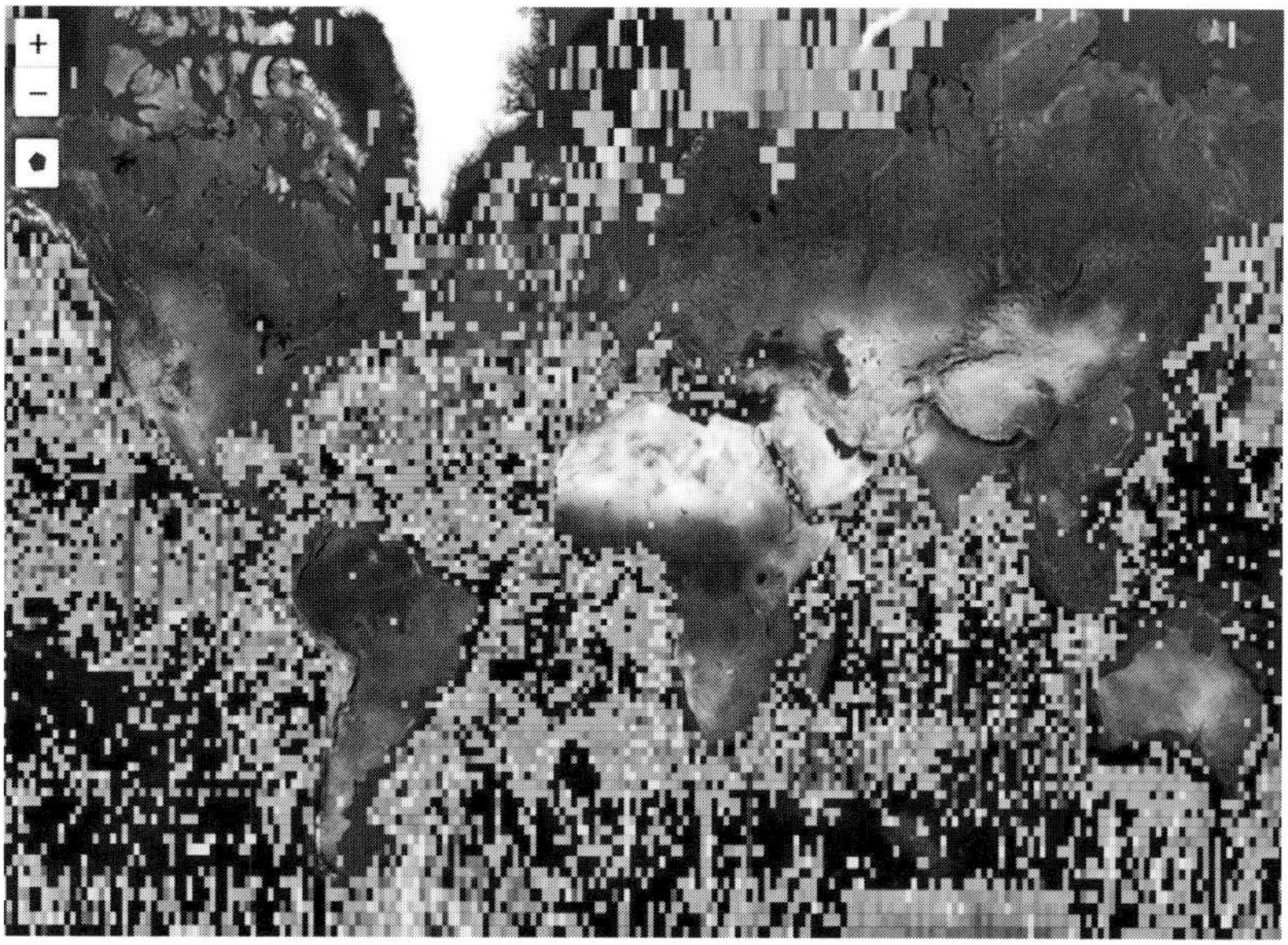

図５　1981年までに、水深1,000mを超える公海域から得られた海洋生物の記録133,725データの地理的分布（海洋生物多様性情報システム（OBIS）を用いて、2022年5月27日現在のデータに基づいて、作図した。経度ゼロを中心に作図されていることに注意。記録は、大西洋部分に集中しているわけではなく、太平洋、インド洋などからも多数採取されていることがわかる）。

深海底の資源として、ＵＮＣＬＯＳにおいて活発に議論されたのは、「多金属性の団塊を含む」（第一三三条）という文言からも明らかなように、マンガン団塊を中心としたものである。この鉱物資源は、深海底でも特に水深五〇〇〇ｍを超えるような、深海平原にだけ分布している。そこで、この部分に限定するために、水深五〇〇〇ｍ以上の海域に限定しても、ＯＢＩＳによれば、一九八一年までに存在する記録が、三八二三もある。そしてその記録の分布範囲もやはり偏在していることはない（図５とほぼ同じなので、紙面の都合から、表示していない）。

その後、四〇年に及ぶ歳月をかけて、深海生物学研究は着実に進ん

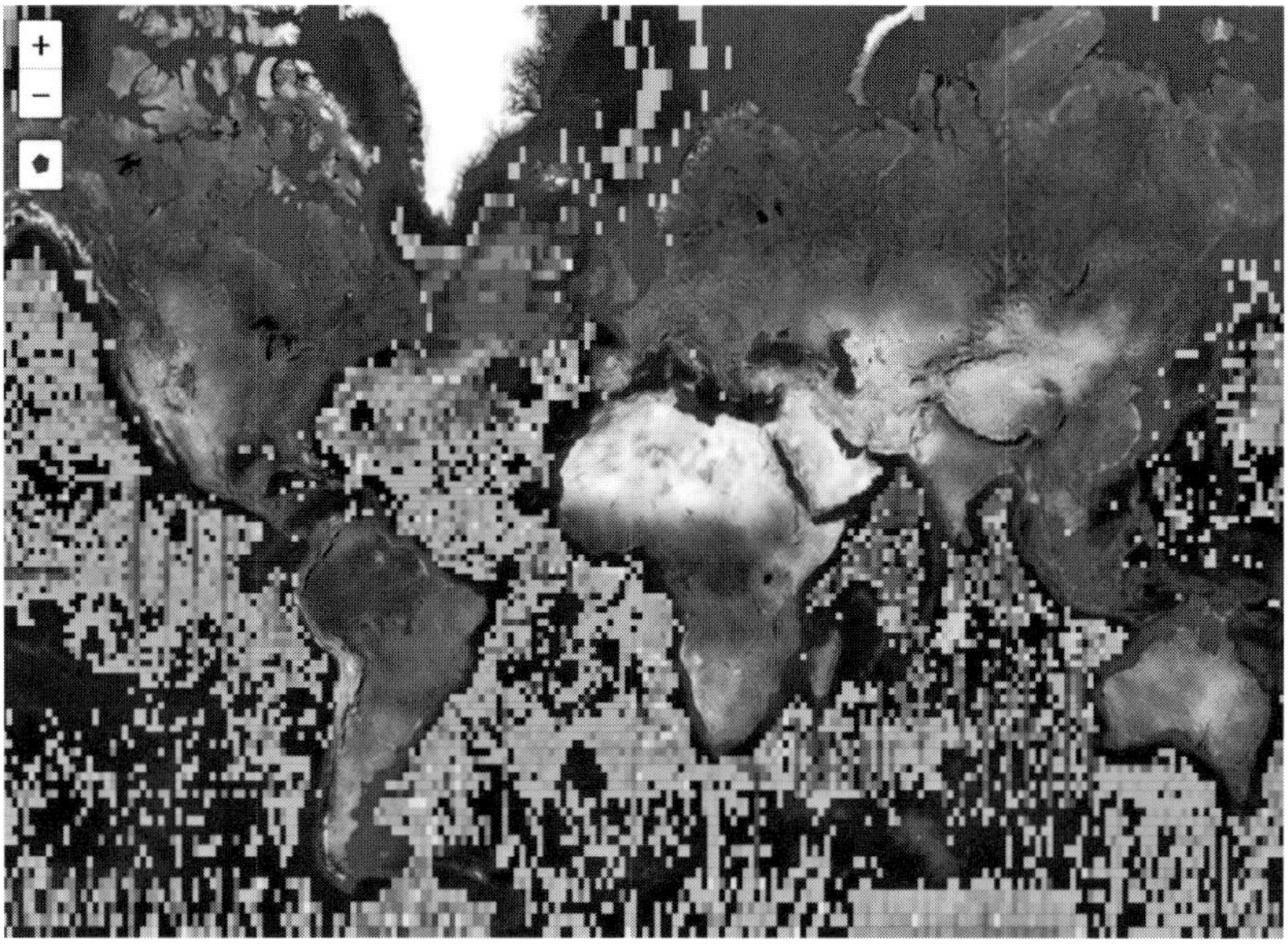

図6　2022年5月27日までに、水深5000mを超える公海域から得られた海洋生物の記録132,998データの地理的分布（図5同様、海洋生物多様性情報システム（OBIS）を用いて、作図した。経度ゼロを中心に作図されていることに注意。南西太平洋など、1981年までにパターンに比べて、データが増えた場所も少数あるが、図5と大きくは異ならない）。

だ。その結果、ＯＢＩＳに登録されている水深五〇〇〇ｍ以深のデータは、一三万二九九八にまで飛躍的に増加した（図6）。西部太平洋の南半球部分など、データの追加が著しい場所もあるが、基本的に、大きな違いはなく、ＵＮＣＬＯＳが締結される以前に、広く深海には生物が分布していることが、よく知られていたといえるだろう。

一つ強調しておきたいのは、ＯＢＩＳが構築された二〇〇〇年代以降は、このような情報は、ＯＢＩＳにアクセスすればだれでも得ることができ、このような図もだれにでも作成可能であるということである。近代の科学は、オープンデータ化が推進されつつあり、データにはだれでもアクセスできる。このような土俵では、知らなかったということはあり得ない。事実は事実として認め、その事実に基づいて、政策立案をする（Evidence Based Policy Making）というプロセスが重要である。

遺伝資源が深海に存在することは知られていたか

前述の通り、ＵＮＣＬＯＳでは、「資源」には、海底鉱物資源だけが含まれるとされている。海底鉱物資源としてのマンガン団塊は、有名なチャレンジャー号探検によって一九世紀にはすでに発見されていた。しかし一九六〇年代に入ってから銅・ニッケル・コバルト・マンガンなどその含有金属を対象とする経済的価値が認められるようになり（盛谷　一九七八）、その結果一九七三年から開始された第三次国連海洋法会議においてＵＮＣＬＯＳの議論の対象にもなった。ではＵＮＣＬＯＳの議論がされていた当時、深海生物に資源としての価値があると認識されていなかったのだろうか？　前述のに、熱水生態系の発見がなされたのは、一九七〇年代だった。ＵＮＣＬＯＳが国連総会で採択される前に、この生物群集は発見され、広く報道されていたのである。例えば、専門家向けとはいえ、深海海洋学の専門誌である『Deep-Sea Research』誌には、一九七七年にすでにこの特殊な生態系の様子が報告されている（Lonsdale 1977：この論文では、熱水生態系の概念はまだ確立しておらず、また画像だけしか取得されていなかったので、蝟集する動物は懸濁物食者であるとされていた）。またこの発見において中心的な役割を果たしたGrassleらのグループは、一九七九年に行われた本格的なガラパゴス中央海嶺に存在する熱水生態系調査の詳細な成果を、Woods Hole 海洋研究所の一般向け広報誌『Oceanus』に、同じ年に発表している（Grassle *et al.* 1979）。また熱水生態系は、ガラパゴス沖にだけ存在するものではなく、海洋の中央海嶺域に多数点在していることも、七〇年代の終わりには知られるようになっており、カナダの太平洋側の沖合に広がるEast Pacific Riseの熱水生態系生物群集については、一般紙である『Scientific American』の一九八一年五月号で、詳細な記事が掲載されている（Luyendyk and Macdonald 1981）。

以上のような事実から、ＵＮＣＬＯＳがジャマイカで採択される前から、深海には、遺伝資源の担体である生物が広く分布していることは、周知の事実であったことがわかる。実際、長沼（二〇一九）によれば、ＵＮＣＬＯＳが採択される前の「資源」にかかわる議論では、資源に鉱物資源に加えて、深海底に生息する生物を入れることは、議論されていた。にもかかわらず、最終的には、鉱物資源だけがＵＮＣＬＯＳにおいて「資源」に含まれるようになったので、いまさら深海生物をＣＨＭにしようとする主張には、無理があるといえる。

生物の資源としての認識

深海生物をＣＨＭとすることを主張する根拠として、遺伝資源という概念が、ＵＮＣＬＯＳ採択の当時まだなかったということも、理由としてあげられるかもしれない。この点について考えてみよう。すべての生物の設計図は、細胞内のゲノムＤＮＡに記載されていて、生物の遺伝情報は、すべてＤＮＡ→転写→ＲＮＡ→翻訳→タンパク質の順に情報が伝達されているとする、分子生物学の基本原則、いわゆるセントラルドグマがフランスの生物学者クリックによって提唱されたのは、ＵＮＣＬＯＳが採択されるより、かなり前の一九五八年のことである（Crick 1958）。セントラルドグマはすべての生物に当てはまるので、深海生物も例外ではない。では、この遺伝情報が、資源として便益を生み出すことは、ＵＮＣＬＯＳの採択当時、広く理解されていただろうか？

遺伝情報を読む技術は、かつては、染色体をみる技術に過ぎなかった。しかし、セントラルドグマの教えるＤＮＡが二重らせん構造をしていて、ＡＧＣＴという四種の塩基が対面して並んでおり、その塩基の配列こそが遺伝情報であることを、ワトソンとクリックが明らかにして、ノーベル生理学・医学賞を受賞したのは、一九六二年である。

そして、一九七三年には、現在の遺伝子工学の基礎的な手法も開発されていた。つまり、生物Ａの遺伝情報を、生物Ｂの遺伝情報の中に組み込むことが、可能になっていた。そして、一九八二年には早くもこの技術を応用して、人工的に微生物にヒトのインスリンを産生させ、そのようにしてヒト以外の生物が作成したヒト・インスリンが、医薬品として、米国で糖尿病の患者に投与されるようになった（ＪＳＴ 二〇一五）。以上の事実から、ＵＮＣＬＯＳの採択当時に、深海の生物が「資源」として、便益をうむことは、十分に予測可能であったといえる。

おわりに

二〇二一年からの一〇年間は、国連持続可能な開発のための海洋科学の一〇年である。海洋科学の一〇年を国連が推進するのは二回目で、五〇年前の一九七〇年代に行われた前回、我が国は積極的にこの活動に取り組み、海洋科学研究センター（ＪＡＭＳＴＥＣ）を設立し、海洋研究船白鳳丸を建造した。前者は、（国研）海洋研究開発機構と改称し、世界の海洋科学をリードする研究機関の一つに発展した。また白鳳丸は、我が国の海洋科学を支える主要な船舶として一九八〇年代まで活躍し、現在は一九八九年に就航した後継船が現役でがんばっている。

おりしもこのようなタイミングで、同じ国連において、海洋科学の推進に負の影響を与えかねない議論がＢＢＮＪ交渉のなかで進んでいることに、深い憂慮の念を抱くのは、筆者だけではない。二〇二二年の六月から七月にかけて開催された第二回国連海洋会議に向けたStakeholder Consultation において、世界の海洋科学研究機関の連合体であるＰＯＧＯ（Partnership for Observation of Global Ocean）は連携して、ＢＢＮＪ交渉におけるＭＳＲやＭＧＲ関連の議論について問題提起をしている。今後もＢＢＮＪ交渉において、海洋科学の推進に貢献するような建設的な議論が進むことを期待したい。

参考文献

ＪＳＴ研究開発戦略センター　二〇一五「ゲノム編集技術　調査報告書」https://www.jst.go.jp/crds/pdf/CRDS-FY2014-RR-06

白山義久　二〇〇二「深海底の生物学メイオベントスを中心として」『化学と生物』四〇巻一一号：七二五－七二九

盛谷智之　一九七八「海底マンガン団塊研究の最近の動向」『地学雑誌』八七：一八一 - 二〇〇。

長沼善太郎　二〇一九「公海・深海底の生物多様性をいかに保全し利用すべきか―第三の国連海洋法条約実施協定の交渉開始」http://id.nii.ac.jp/1682/00004121/

Crick, F.H.C. 1958, On Protein Synthesis. *Symposia of the Society for Experimental Biology*. XII, 139-163.

Forbes, E. 1844, Report on the Mollusca and Radiata of the Aegean Sea, and on their distribution, considered as bearing on geology. Report of the British Association for the Advancement of Science for 1843, 129–193 (op. cit., 167)

Grassle, J.F. 1985, Hydrothermal Vent Animals: Distribution and Biology. *Science*, 229, 713-717.

Grassle, J.F., *et al.* 1979, Galápagos '79: Initial Findings of a Deep-Sea Biological Quest. Oceanus, No. 22, 1-10.

Lonsdale, P. 1977, Clustering of Suspension-Feeding Macrobenthos Near Abyssal Hydrothermal Vents at the Oceanic Spreading Centers. *Deep-Sea Research*. 24, 857-858.

Luyendyk, B.P. and Macdonald, K.C. 1981, The Crest of the East Pacific Rise-At a site on a mid-ocean ridge, where hot springs on the sea floor nourish a bizarre biological community, undersea exploration has revealed much about how new segments of the earth's crust emerge. *Scientific American,* 244, 10.1038/scientificamerican0581-100

National Research Council 1995, Understanding Marine Biodiversity. Washington, DC: The National Academies Press. https://doi.org/10.17226/4923.

Sars, M. 1868, Mémoires pour servir à la connaissance des Crinoïdes vivants; I: Du *Rhizocrinus lofotensis* M. Sars, nouveau genre vivant des crinoïdes pédicellés, dits lis de mer; II: Du pentacrinoïde de l'Antedon Sarsii (Alecto) Duben et Koren. Brøgger & Christie. *Christiania*. 65, 6.

コラム●ＢＢＮＪ交渉と、他の条約との関連

白山義久

一九八二年に採択された国連海洋法条約は、「海の憲法」とも呼ばれているが、この条約のなかで新たに規定された、沿岸国が主権的権利を有するとする排他的経済水域（ＥＥＺ）という概念が、海洋科学に与えた影響は極めて大きい。なぜなら、このＥＥＺにおいて、科学的調査を行うためには、沿岸国に対して海洋の科学的調査の申請（Marine Scientific Research 申請、以下では「ＭＳＲ申請」と記す）を提出し、同意を得ることが必要となったためだ。

世界のＥＥＺの面積は、一・三八億平方キロ弱である。海洋の面積はおよそ三億平方キロなので、国連海洋法条約の採択以降、海洋の半分近くについて、海洋科学は、ＭＳＲ申請をして、沿岸国の同意を得ないと、調査ができないことになった。さらに延長大陸棚の面積がおよそ〇・二五億平方キロあるので、海底の調査については、自由に研究できる海域はさらに狭い。

現在のＢＢＮＪ交渉のなかでは、国家管轄権外区域（ＡＢＮＪ）についてもＭＳＲ申請を必須とすべしという意見がある。海洋遺伝資源（ＭＧＲ）を人類の共同財産（ＣＨＭ）と主張する国々は、たとえＣＨＭとすることがかなわなかったとしても、ＡＢＮＪにおけるＭＧＲから便益が生じたときに、ＡＢＮＪはどの国にも属していないのだから、そこから生じた便益はすべての国に衡平に分配されるべきであると主張する。そして、それを実現するためには、トレーサビリティを確保せねばならず、そのために、まず採取するための申請が必要であると主張する。ＥＥＺにおいては、ＭＳＲ申請をすることが必須なので、この仕組みを、ＡＢＮＪに拡張することによって、必要なトレーサビリティが確保できるというのが、発想の原点にあるものと推察される。

そして、既存の枠組みの拡張であるから、大きな抵抗はないと考える外交官が交渉の場にいる恐れがあ

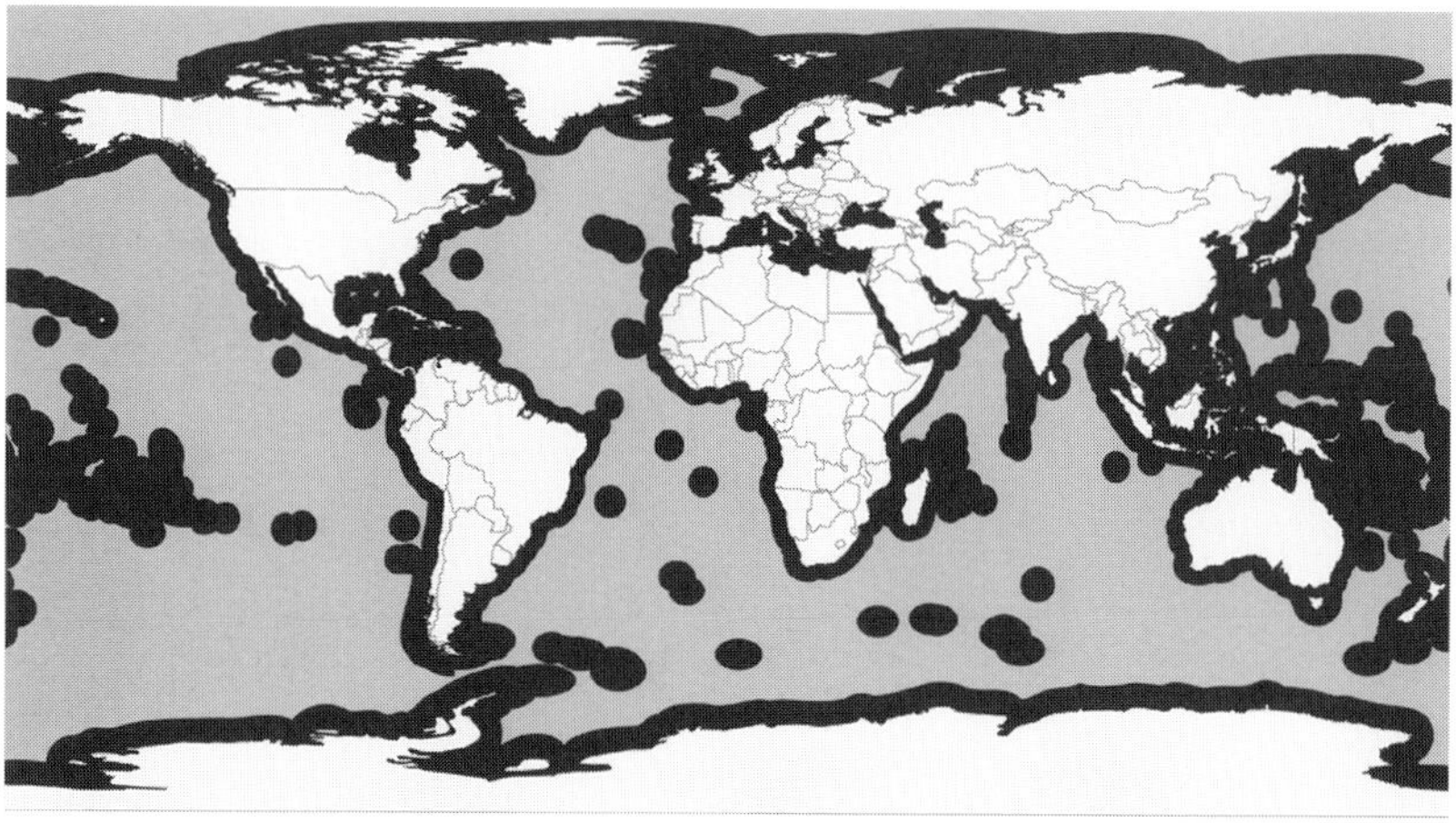

図１　世界の排他的経済水域（B1mbo - Own work based on: World location map.svg を転載）

る。しかし実際は、ＥＥＺにＭＳＲ申請をすることには、非常に大きな問題が含まれている。現在、（国研）海洋研究開発機構（ＪＡＭＳＴＥＣ）が行っている他国ＥＥＺ内での研究活動に関するＭＳＲ申請を例に、考えてみよう。

他国のＥＥＺで調査をする航海計画を立案するためには、数年のスパンで、準備が必要である。まず、第一ステップは、航海計画の公募において、上位に選出されることである。この航海計画の公募は、大型の船舶である「みらい」を例にとると、実施の三年前に行われる。その後、シンポジウムの開催などを通じて、磨かれた航海計画が最終的に具体的な実施準備に入るのは、出航のおおよそ二年前である。この時点で、航海計画に他国のＥＥＺでの観測が含まれる場合、ＭＳＲ申請を行うための準備が始まる。ＭＳＲの申請許可証は、船舶の出港時点で取得していることが前提だが、そのためには次のような手続きを進めないといけない。まずＭＳＲ申請をする相手国（沿岸国）がＭＳＲの許可を発給するための条件を精査し、それに対応した申請書を準備する。申請書を関係省庁経由（ＪＡＭＳＴＥＣの場合であれば、文部科学省経由）で外務省へ提出し、外務省が当該国へ送付し、当該国が審査の上で許可証を発給して、日本の外務省へ送付し、日本に到着した許可証が外務省から関係省庁を経由してＪＡＭＳＴＥＣに交付される。このような長い長いプロセスを経るので、ＪＡＭＳＴＥＣが申請書を文部科学省に提出してから、許可証がＪＡＭＳＴＥＣに交付されるまでには、一八か月程度はかかるものと認識されている。

この時間だけでなく、申請書の作成には専門的な知識が必要なので、研究者が片手間にやれるようなものではない。ＪＡＭＳＴＥＣでは専従の職員が複数名この業務にあたっており、この専従職員の活躍のおかげで、一八か月で対応ができている。

今のＥＥＺに対するＭＳＲ申請と同じものが、ＡＢＮＪにも適用されることになると、非常に大きな問題が発生しうる。例えば、気象観測の根幹の一つであり、エルニーニョ現象の予測や、台風の発生予報、さらに長期的な地球環境の変動などで、必要不可欠なデータを提供している係留ブイシステムが、太平洋などの公海部分に多数設置されている。ＡＢＮＪにＭＳＲの枠組みができてしまうと、これらが故障した際、修理のために船舶を向かわせるためにもＭＳＲ申請が必要になる。結果として、一度故障が発生すると、当該のブイからは二年くらいデータが送られなくなるので、気象予報の精度が落ちてしまうことが懸念される。また係留ブイシステムには、津波の防災情報をモニターしているものもあり、発展途上国を含めてすべての沿岸国はその恩恵に浴しているので、係留システムの維持に負の影響が出ることは、絶対に避けないといけない。現在、この問題点は、ある程度交渉国間で、理解が広がっているようで、事前のＭＳＲ申請ではなく、事前の通報とするなどの妥協案が出ているが、即応体制が十分に確保できるかどうかは不透明で、大いに心配される。

ＢＢＮＪ交渉の基本的な原則として、既存の関連する法文書・枠組みや機関を損なってはならない（should not undermine）とされている。するとＡＢ

ＮＪに存在する海洋遺伝資源（ＭＧＲ）を考える上では、生物多様性条約名古屋議定書（正式名称：生物多様性に関する条約の遺伝資源の取得の機会及びその利用から生ずる利益の公正かつ衡平な配分に関する名古屋議定書）のアクセスと利益配分（ＡＢＳ）の枠組みも考慮する必要がある。

現在のＡＢＮＪでは、提供国に相当するものが存在しない。したがって、事前の同意（ＰＩＣ）も不要である。しかし、もしＢＢＮＪ交渉で、何らかのＭＧＲに関するＡＢＳに相当する仕組みができたとすると、たとえ研究航海自体は通報でよいということになっても、遺伝資源の担体である生物の採取には、ＰＩＣが必要で、何らかの事前の申請が必要になる。現在のＡＢＳに伴う様々な問題を考えると、このような結末になることは、ぜひとも避けなければいけない。

ＭＧＲの探索は始まったばかりである。ＥＥＺのＭＧＲを探索するだけでも、まだまだ膨大な時間がかかる。したがって、多くの研究者は、ＰＩＣなどの手続きが必要になった途端、ＥＥＺ以外での、ＭＧＲの探索から手を引くだろう。そもそも、海水に生息している生物では、ＡＢＮＪとＥＥＺで同じ生物が分布している蓋然性が極めて高いので、採集に時間と費用がかかるＡＢＮＪのＭＧＲをわざわざ採取する必要性は、高いとは言えない。

もう一つ留意しなければならないのが、昨今、環境ＤＮＡを分析する技術が飛躍的に発展してきていることである。この技術は、事故などで何らかの環境影響が懸念される場合に、その影響を評価する際にも、大変強力な手法である。このような緊急事態にモニタリングのために、環境ＤＮＡを採取することも、同じように事前の申請（あるいは通報）が必要になるのだろうか？　この手法が封じられると、やはりＢＢＮＪ交渉で議論されている、海洋保護区などの地域型管理ツールのモニタリングや、環境影響評価（モニタリングは必須）にも大きな負の影響があるだろう。ＢＢＮＪ交渉が、ＡＢＮＪにおける生物多様性の保全という本来の目的を見失うことのないように祈りたいと思う。

3　海洋遺伝資源の利活用の進展

竹山春子・西川洋平・丸山浩平

1．海洋遺伝資源の調査と活用

1　はじめに

地球表面の七割を占める海洋は、地球環境の維持に必須である。二酸化炭素等の物質循環に資するだけでなく、多様な資源の供給源でもある。私たちは、このような海洋から多くの恩恵を受けている。海洋環境には、多様性・特殊性もあり、まだ探索できていない多くの謎が含まれている。そのことからも、新奇な生物種の存在が期待されている。

遺伝資源は、生物多様性条約で「遺伝の機能的な単位を有する植物、動物、微生物、その他に由来する素材のうち、現実の又は潜在的な価値を有する」ものと定義されている（1）。遺伝資源を調査するサンプルとしては、ウイルスなどを含む生物に由来する素材（DNA／RNAなど）や、それが含まれる水や土壌などの環境サンプルも含まれる。したがって海洋遺伝資源（MGR：Marine Genetic Resources）のサンプルは、水、氷、堆積物等の環境サンプルから全体、部分的な生物（の可能性があるもの）を含む広範囲のサンプルタイプを網羅する。また、こうした生物あるいはウイルスが保有する遺伝子自体を資源として捉え、「遺伝子資源」といった表現もしばしば用いられる。

海洋の天然資源利用としては、これまで魚介類等の食用資源が主であった。近年、医薬品原材料やバイオマス資源、特にブルーカーボンの面からも海洋遺伝資源の新たな利用価値が注目されている。海洋は未知の遺伝資源の宝庫であると考えられ、新たな技術の導入によってそれらの発見、利活用について多くの議論が展開されている。

2　海洋遺伝資源の調査と利活用

遺伝資源利活用の形態は大きく二つに分類できる。

第一の活用タイプは、自然界から採取した遺伝資源そのものを人に役立てる形態のものである。直接遺伝資源を機能性食品として用いるなど食品・健康食品の素材、化粧品の素材などに利活用するだけでなく、創薬に資する多くのスクリーニングも行われてきた。また、産業用有用酵素等の直接的な取得の対象としても遺伝資源は用いられてきた。

第二の活用タイプは、ゲノム情報をもとに人に役立てる製品を開発する形態のもので、比較的ゲノムサイズの小さな微生物を対象として化合物を合成する遺伝子群や有用酵素の遺伝子のスクリーニングも進められている。

医薬品、機能性色素、変換酵素など産業応用の例

地球の歴史の中で、環境、生命は多様な進化・変化を遂げることによって多様性を生み出してきた。

現代の私たちは、そこから私たちに役立つ資源の探索、利活用の方法を見出してきた。微生物や植物等から探索されて来た医薬品もその一つである。一九二八年に青カビから見出された抗生物質であるペニシリンは、人類の生存を飛躍的に向上させた。最近では、大村智らによって土壌から見出された放線菌からイベルメクチンが開発されノーベル生理学・医学賞の受賞に至ったことは記憶に新しい。

日本の産業界でも、遺伝資源である微生物や植物から有用な新薬候補化合物の探索が進められている。例えば、土壌から単離した微生物（多様な微生物が混在する土壌中から、個別に分けられた微生物）の培養物から抗生物質や抗がん剤を見出す研究が六〇年代から製薬業界で盛んに行われてきた。この微生物探索は、現在もいくつかの製薬会社では継続されており、多様な環境サンプルを対象とした探索研究が推し進められている。

海洋遺伝資源として、これまでに海洋生物から三〇〇〇〇以上の天然物が発見されており（2）、海洋生物由来の天然物の数は、年間四％の割合で増加している。海洋生物の中なかでも、無脊椎動物である海綿からの新規医薬品の素材探索の歴史は長い。海綿の体の中には多様な微生物が生息している。生存競争のため多くの天然物を作り出し、海綿を外敵から守っていると言われており、これまで五〇〇〇化合物以上の海洋天然物が見出されている（3）。これら天然物の一部が有用な薬理活性（薬として作用する性質）を示し、薬として用いられている。

例えば、カリブ海の海綿より発見されたビダラビン（Ara-A）は、アデニンアラビノシドで、最初は抗腫瘍剤として開発された（4）。その後の研究でヘルペスウイルスやワクシニアウイルスに対する抗ウイルス作用が、また、水痘・帯状疱疹ウイルスに対する抗ウイルス作用が確認され、抗ウイルス剤として承認された。海綿動物クロイソカイメンからは、強力な抗腫瘍物質ハリコンドリンBが単離され、構造の一部を模倣した合成化合物であるエリブリン（5）が乳がん治療薬として承認された。

上記のような海綿動物由来の有用天然物のスクリーニングが精力的に行われる中で、それらの多くが共在する微生物由来であることが明らかになってきており、微生物をターゲットとした有用物質スクリーニングも多様なアプローチで進められている（後述）。微生物からの有用物質として抗酸化作用を有するβ―カロチンやアスタキサンチンなどの抗酸化物質も注目されている。機能性食品への添加剤としてだけでなくサケ・マス等の赤みを増すための色揚げ材（餌料）としても用いられている。これらの生産微生物は、微細藻類の Haematococcus が有名であるが、成長の早い海洋細菌 Paracoccus 等による生産も報告されている。そのほかにも海洋微生物を対象とした産業用酵素のスクリーニングも活発に行われている。熱水噴出孔から分離された好熱菌 Thermus aquaticus が産生する耐熱性ＴａｑＤＮＡポリメラーゼや超好熱菌 Thermococcus kodakarensis KOD1 株由来の耐熱性ＤＮＡポリメラーゼ（ＫＯＤ ＤＮＡポリメラーゼ）など極限環境から分離された古細菌（アーキア）から、ＰＣＲ（6）に必須な耐熱性ＤＮＡポリメラーゼが取得、実用化されている。

このように遺伝子工学のツールとして実用化されてきたものとしては、蛍光タンパク質も大きな市場を開拓した。オワンクラゲから見出された緑色蛍光タンパク質に始まりウミシイタケやサンゴ類などの刺胞動物からも新規の蛍光タンパク質が見出され、それらの遺伝子配列の決定後、分子生物学分野で標的を検出するための蛍光色素分子として多用されている（7）。

有用物質探索のための遺伝資源の利活用だけでなく、それ自身を海洋バイオマスとして捉える考え方が昨今話題になっている。二〇〇九年に国連環境計画によって海洋生態系に取り込まれた炭素をブルーカーボンと命名されたことから、海洋バイオマスが重要な資源として考えられている。海洋国家でもある日本における温室効果ガス削減政策にも貢献できる可能性が指摘されている。二酸化炭素は、海藻・海草、植物プランクトン等の光合成によって海洋生態系に固定されるが、そのバイオマス自身をブルーカーボンとして捉えるだけでなく、さらにバイオ燃料の原材料等に利活用することも進められている。また、深海底の掘削も進む中、新たな微生物遺伝資源の探索も進められており、今後の進展が期待されている。

遺伝資源調査研究

環境研究、生態学研究の一端として遺伝資源調査が各国で精力的に行われている。二〇〇〇年代に入ってから、ゲノム解析技術の飛躍的な進化によりゲノム情報から生物をひも解く研究が盛んになった。これは、海洋遺伝資源研究においても大きな影響を及ぼし、研究の質が変わることになった。すなわち、次世代ＤＮＡシークエンサの開発によって、比較的安価で高速かつ大量のサンプルを対象としたゲノム解析が可能となり、ゲノム情報を基にした生物学が進展したのである。

特に、海洋遺伝子資源としての海洋微生物の解析が急速に進められている。様々な環境に微生物は生息しており、深海も含め多くの特殊環境からの分離培養が試みられ、それらの生理機能、遺伝子の解析が行われてきた。しかしながら、それらの九九％以上が「難培養微生物（細菌）や、生きているが培養ができない細菌（viable, but nonculturable bacteria）」であることも知られており、研究の進展を制限してきた。これに対して、ゲノム解析の低コスト化と高速化、分子生物学技術の向上などから直接的なゲノム活用の道が拓かれ、「難培養微生物」からも直接ゲノムＤＮＡを抽出し解析する「メタゲノム解析」アプローチによって機能を探索し、資源活用する研究が盛んになってきた。

高速次世代ＤＮＡシーケンサによって、目的の物質を作り出す酵素遺伝子を微生物から直接見つけ、新たな効率的なバイオプロセスを構築することも可能である。九九％が未利用だった膨大な微生物の中から、有用な資源を探索し、その設計図を遺伝子から明らかにすることによって、とてつもない富が生まれる可能性がある。

2. 海洋遺伝資源の活用に向けた科学的技術の進展

1　生物遺伝情報の直接的な取得の進展

前述のように、マリンバイオテクノロジーの分野でも、近年の分子生物学やゲノムサイエンスの飛躍的な進展によりブレイクスルーが起こっている。特に、次世代ＤＮＡシークエンサや様々なオミックス解析技術（8）に代表される、高速かつ大量の処理が可能な解析技術は、新たな研究戦略を可能にしている。

培養を経ない環境微生物の網羅的な遺伝子情報取得の方法としてメタゲノム解析が精力的に進められている。環境サンプルから直接ゲノムＤＮＡを抽出し次世代シークエンサで大規模に塩基配列決定を行い、その環境に存在する遺伝子群からそこに生息する微生物の機能の推測や、有用遺伝子のゲノ

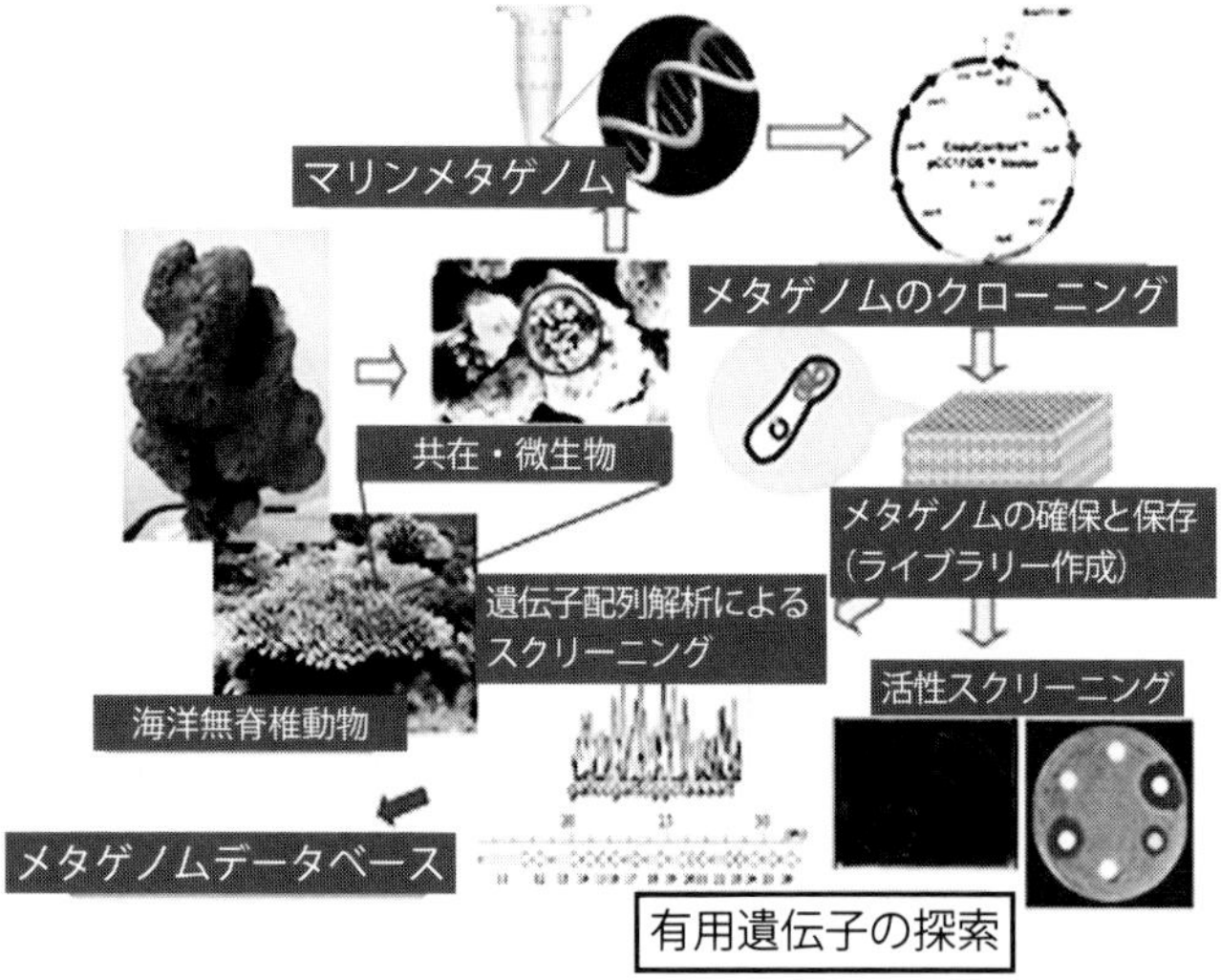

図１海洋無脊椎動物における共在・共生微生物へのメタゲノム利用例（海洋無脊椎動物から共在微生物を回収し、そのメタゲノムを抽出、ライブライリー化する。その後、ライブラリー株を用いて生理活性があるかどうかのスクリーニングや配列データベースをもとにした遺伝子スクリーニングを行うことによって有用遺伝子の探索を行う）

ム配列ベースでのスクリーニングに利用されている（図1）。例えば、米国のゲノムデータベースGenome Online Database（9）におけるメタゲノムデータは三八〇〇を超えている。シークエンス対象のカテゴリーは三〇〇以上、その三分の二は天然の環境サンプルであり、残りの大半は宿主共生系、一部に活性汚泥などの工業的サンプルが含まれている。

2　生物遺伝情報のビックデータ化

海洋環境の理解を目的とした国際海洋メタゲノムプロジェクトがスタートし、それらの成果が公表されている。地球規模での海洋調査として、二〇〇四年に開始した米国のクレイグ・ヴェンター研究所のチームによるGlobal Ocean Sampling Expeditionプロジェクト（GOS）では、四大陸の二三ヵ国を渡り、数一〇〇万の新規遺伝子と、約一〇〇〇個の未培養細菌のゲノムを獲得している（10）。それに続き、二〇〇九年より、欧州分子生物学研究所（EMBL）が

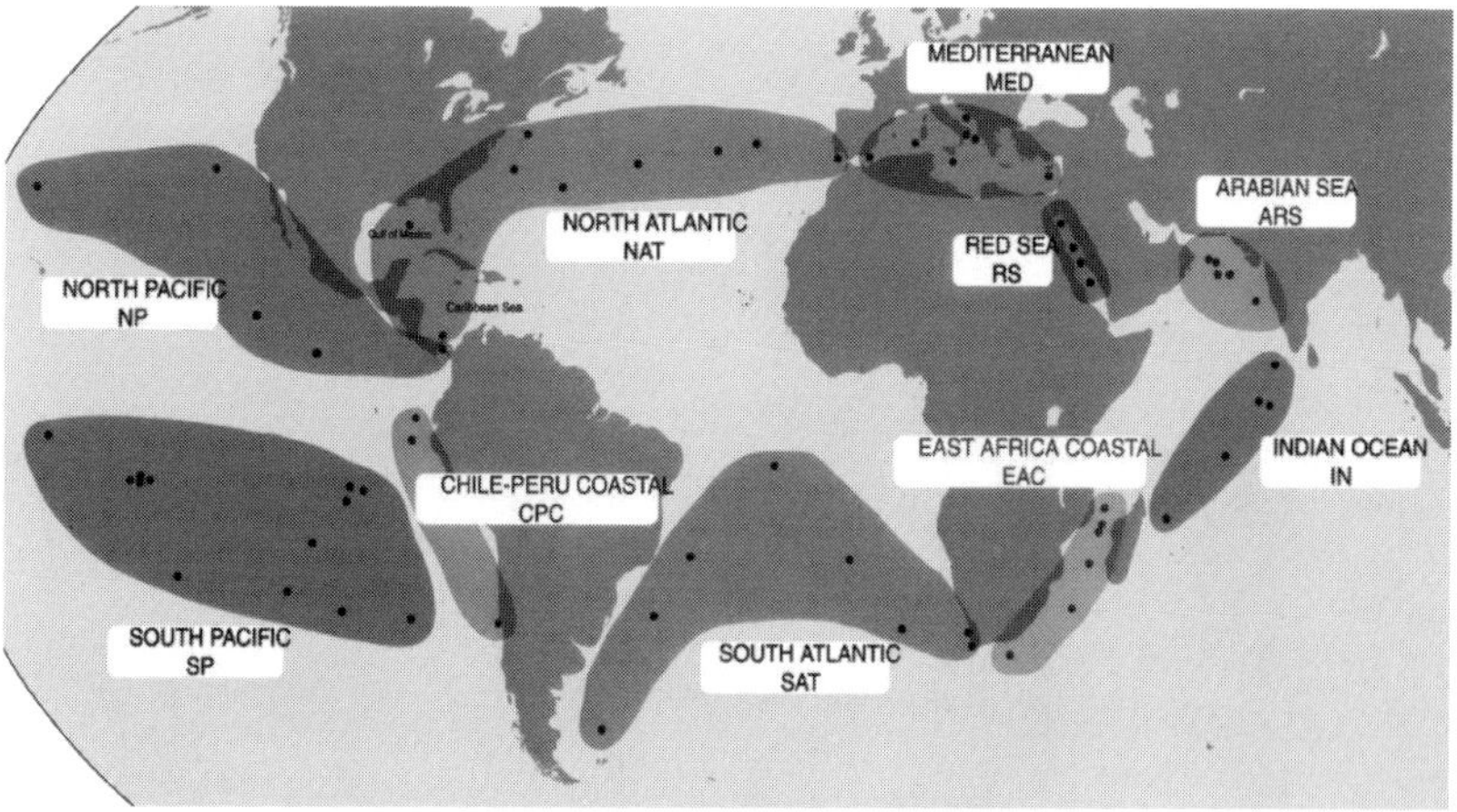

図2　Tara Ocean Projectにおけるメタゲノムの取得地点(9)

主導して実施されたTara Ocean Projectでは、二〇〇以上の海洋ステーションから三万以上のサンプルを取得し、それらの一部のデータの解析結果も報告されている(11)(図2)。二〇二二年、ここで取得されたゲノム配列から多くの天然物合成遺伝子群が見出され、海洋における新たな資源の発見例として報告された(12)。Integrated Microbial Genomes & Microbiomes(IMG/M)データベースには、培養・未培養や、メタゲノム、シングルセル増幅ゲノムなどを含め、二〇二二年五月現在で九万七〇四二個の細菌ゲノムが登録されている。海洋由来の細菌ゲノムは一万五九九七個と、データベースの中でも大きな割合を占めている(13)。その中には公海も含めて多くのサンプリングサイトから遺伝子資源情報が集約されている。Malaspina Deep Metagenome-Assembled Genomes(MDeep-MAGs) catalogは、平均水深三七三一mの深海五八箇所から一九五Gbのメタゲノムデータを取得し、約四三〇万の遺伝子データとともに三一七個のMAG(14)のゲノムデータベースを公開している(15)。このように地球規模での海洋の遺伝子資源の確保、データベース化が様々なプロジェクトで進められ、それらのデータを使った多様なサイエンスが発展し始めている。こうした海洋遺伝子資源の探索は、排他的経済水域外の領域である公海においても広く実施されており、深海魚の腸内細菌を対象としたメタゲノム解析（16）や、海洋地殻からのメタゲノム・トランスクリプトーム解析など（17）、様々な環境を対象としてデータの取得が進んでいる。

海洋微生物（細菌）でのメタゲノム解析プロジェクトは日本でも少しずつ数が増えているが、必ずしも大型プロジェクトの数は多くない。二〇一一年度からスタートした科学技術振興機構・戦略的創造研究推進事業（ＣＲＥＳＴ）「海洋生物多様性および生態系の保全・再生に資する基盤技術の創出」では、海洋生態系の評価にメタゲノム手法を取り入れたプロジェクトがいくつか進められた（18）。また、地方自治体の運営下でも海洋研究が進展している。日本でも有数の豊かな海洋環境を誇る駿河湾は、最深二五〇〇ｍにも達する深度を有し生物多様性も高く、基礎研究から応用研究の対象として優れたサイトである。駿河湾スマートオーシャン研究がスタートしているが、それをけん引する一般社団法人マリンオープンイノベーション機構（19）が二〇一九年度に設立された。駿河湾の生物遺伝資源、環境データ等のオープンデータプラットフォームＢＩＳＨＯＰの構築が進んでおり、地域、国内外の連携で海洋資源利用が推進されている。

３　メタゲノム情報の利活用

海洋由来のメタゲノム配列は、海水からＤＮＡを抽出することによって比較的容易に取得することが可能であり、低水温、高塩分、高圧力などの多様な環境由来の海水を用いて解析を進めることによって、極限環境下において高い活性を有する酵素がスクリーニングされてきた。例えば、水温の低い環境の海水から取得された酵素遺伝子から得られた酵素が、一般的な酵素に比べて一〇倍以上の活性を示した例が報告されている(20)。こうした酵素は様々な産業において利活用されており、省エネルギーでの反応を可能にすることや、高温下で起こりうる種々の化学反応の抑制を可能にする効果が期待されている。特に、食料品生産において、製品の栄養価や風味の変化を避けるために、重要な役割を果たしている。また、リパーゼやエステラーゼは、食品、繊維、生化学などの幅広い産業において重要視される酵素であり、メタゲノムを用いた機能性スクリーニングあるいは配列スクリーニング(21、22)によって、これまでに様々な特性を有する酵素が獲得されている。

メタゲノム解析はまた、近年深刻な環境問題となっているプラスチックごみの処理においても、現在のリサイクル処理に代わる有用な処理方法を提案するための手法として注目を集めている。現在までに、様々なメタゲノム試料から、異なるプラスチック材料を解重合する能力を持つ酵素をコードする遺伝子が多数回収されており、プラスチック分解に向けた有望な生体触媒の候補となっている。しかしながら、天然由来のプラスチック分解酵素は、耐熱性が低く、触媒活性も低い場合が多いため、工業用途の合成プラスチックの分解にはあまり適していない(23)。そこで、より優れた触媒活性と安定性を持つプラスチック分解酵素を構築するために、現在では、タンパク質工学を組み合わせたプラスチック分解酵素の改変が試みられている(24)。メタゲノム解析による遺伝子配列情報の蓄積によってこうした改変が可能となり、触媒能力が向上した酵素等、自然界に存在する以上の活性を持った酵

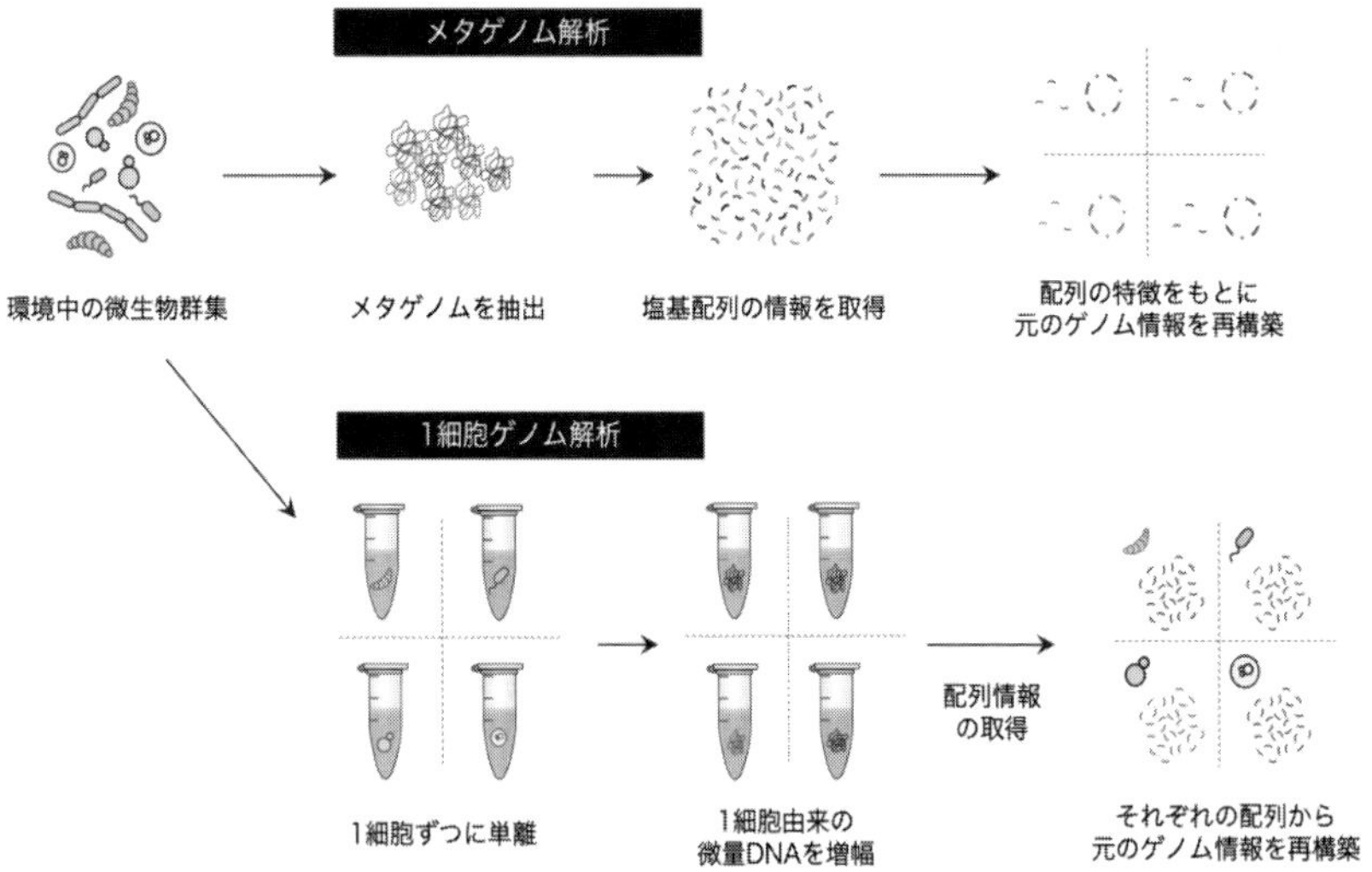

図3　環境微生物からのゲノム解（メタゲノム解析と1細胞ゲノム解析）

素を人工的に生み出すことが可能となりつつある。近年の機械学習や人工知能（25）の発展によって、メタゲノムのデータは今後さらなる価値を生み出す可能性を秘めていると言える。

4　シングルセル解析への展開

有用微生物の単離培養から難培養微生物のメタゲノム解析、遺伝子資源の活用と研究は展開しているが、そこには大きな課題が存在する。すなわち、その遺伝子を有するホスト生物が依然として未知のまま、明らかにすることができないことである。これを解決するために塩基配列を基本に多様な情報解析手法などで推測すること、さらには長鎖DNA解析手法の適応による解決も試みられてきたが、遺伝子の水平伝播などが繰り返されるゲノムでは、その手法論だけでは必ずしも良い成果が得られていない。

近年、細胞生物学研究の重要な解析ツールとしてシングルセル解析が注目されている（図3）。シングルセル解析とは細胞集団内の個々の細胞における状況や機能を解明する解析アプローチである。培養細胞においても細胞間に個性が存在することが明らかになっており、それらの平均値を求めるような網羅的な解析手法がいかに集団を理解するうえで精度の低い方法論であるかが指摘されている。個々の細胞を一細胞レベルで解析することが重要であり、その手法論も精力的に開発されている。環境微生物解析も同様に、メタゲノムなどの環境微生物叢の網羅的解析の情報を個々の未知微生物のゲノム情報として解析しデータベース化することができれば、今まで手付かずであった難培養（未知）微生物の解析、利用の分野を大きく発展させることができる。このような解析において、シングルセルの分取・ゲノム抽出・シークエンス解析を効率よく行うシステムも必要である。すでにゲノム増幅手法は進みつつあり、細胞一つを効率的にハンドリングするためのマイクロ流体工学を利用した多様なデバイス作りも進展している。バクテリアのシングルセルゲノム解析も今まさに進みつつあり、その対象は腸内細菌から環境難培養微生物へと広がっている。シングルセル解析によって得られた未知微生物のゲノム配列が蓄積することで、未知の難培養微生物の利活用に新たな戦略が生まれる。特に、ゲノム情報を基にした合成生物学技術を駆使した遺伝子資源利活用が広がることが期待できる。

5　海綿共在難培養細菌からの生理活性物質生産菌の同定

多くの生物の体内に共生している微生物が多く報告されている。海洋生物、特に無脊椎動物における共生・共在微生物の解析が進みつつある。無脊椎動物である海綿（ポリフェラ門、約一五〇〇〇種）からは、抗生物質、抗腫瘍物質、免疫抑制剤などが多く発見されており、海洋天然物の主要な生産者であ

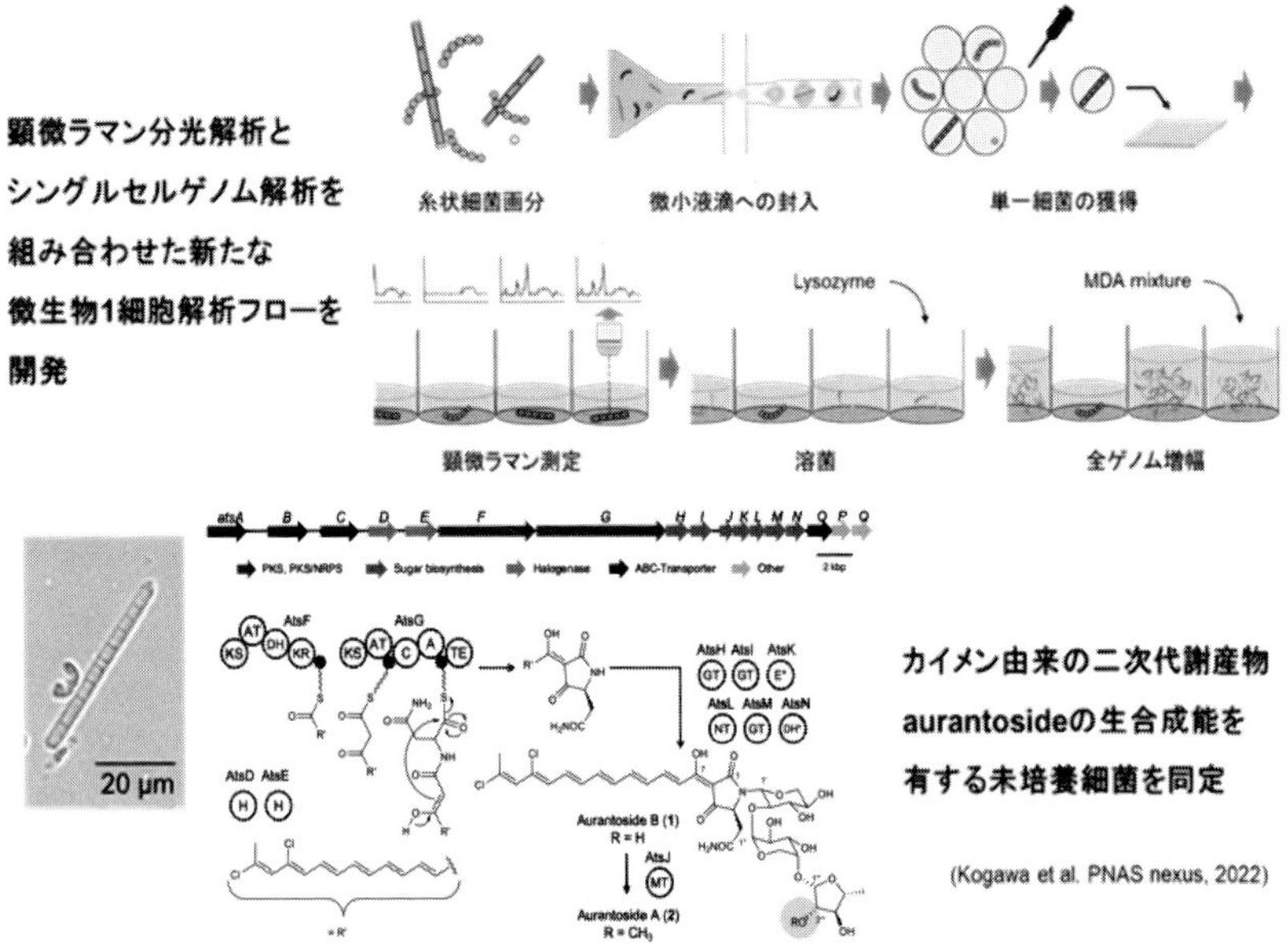

図４ラマン分光法と１細胞ゲノム解析を組み合わせた海綿共在細菌からの二次代謝産物生産菌の同定

る。このような二次代謝物は海綿の化学的な防衛機構の一つと考えられている。また、海綿共生・共在バクテリアのメタゲノム解析により多くの有用物質や新規のポリケチド合成遺伝子（ポリケチドシンターゼ遺伝子）が海綿共生バクテリアから発見され、二次代謝産物の真の生産者が海綿内に存在するバクテリアであることが支持されている。

従来の分子生物学的手法などを取り入れながら、海綿内の共生バクテリアと海綿から発見されたポリケチドの関連性をシングルセルレベルで解析した例を紹介する。海綿 Theonella swinhoei からは多様な二次代謝産物が産生されることが見出されており、共在微生物から生産されることは明らかではあった。しかし、それらのほとんどが難培養性であることからメタゲノム解析によって合成遺伝子群の大半を確認した。しかしながら生産者の同定がメタゲノム情報だけでは難しかった。生産物の一つである抗腫瘍物質であるOnnamide Aの生産者を同定するために、個々の細胞のゲノム情報を見ることで確認することが可能であり、新たな細菌として難培養Entotheonella属の細菌が多様な二次代謝産物を作ることがゲノム情報から示された(26)。一方、同じ海綿から産生が確認されている抗真菌物質であるAurantosideは、メタゲノムから合成遺伝子群を見出すことができていなかった。そこで、細胞ごとの代謝物をラマン分光法により非破壊で解析し、Aurantosideを生産する細菌を同定し、さらにそのゲノム解析を単一細胞レベルで行い合成遺伝子群の同定をした（図4）。ここで見出された細菌の分子系統分類をゲノム情報により行ったところ、今まで報告のなかった細菌であることから新規にPoriflexus aureusと命名された(27)。

微生物遺伝子資源の獲得には、難培養性の課題は大きいがメタゲノム解析手法によって道が拓かれた。一方、より詳細なデータの蓄積は、上述した新たなシングルセル解析として一細胞をハンドリングするマイクロ流体デバイス、さらには細胞の代謝産物を非破壊に解析できるラマン分光解析の組み合わせにより今までにはないレベルで可能となった。特に細胞容量が非常に少ない細菌のシングルセルメタボロミックスは現在の分析技術では不可能であるが、ラマン分光分析手法を用いた新たなメタボロミックスは微生物資源の利活用に新たな光となることは確実である。

3. 海洋遺伝資源の調査と活用の今後の課題

日本は国土を海洋に囲まれた海洋国家であり、排他的経済水域（EEZ：Exclusive Economic Zone）は世界第六位の広さである。このような海洋をいかに有効利用するかは、今後の日本の発展に大きく寄与するものである。二〇〇七年四月に海洋基本法が成立したが、海洋資源開発はその施策の重要項目である。多くの研究者が、精力的にこれらの資源の利活用を進めており、先端技術開発とともに新たな戦略下でより広範囲な遺伝資源利活用が進むことが期待される。バイオテクノロジー、計測・分析、データ分析という、学術的知識を有する専門研究者が細分化されてしまっている現状の中、横断的に研究開発を推し進められる人材の育成は重要である。また、遺伝資源利活用に資する基盤整備も必須と言える。

日本の遺伝資源保全に供する公共カルチャーコレクションとしては、独立行政法人製品評価技術基盤機構　バイオテクノロジーセンター（NBRC）や国立研究開発法人理化学研究所バイオリソース研究センター（RIKEN BRC）があるが、先進国のセンターに比べてその予算規模も必ずしも大きくない。今後の遺伝資源の利活用に資する基盤整備の充足は、長期的な観点に立って、研究や産業の発展に貢献する基盤にもなりえることから、積極的に進めていく必要がある。

国連でのBBNJに関する議論は、二〇〇四年一一月に国連総会決議五九／二四により作業部会が設置され、二〇〇六年二月に第一回BBNJ作業部会が開催された頃に遡ることができる。本稿で紹介したように、この一六年の間に遺伝子解析技術は大きく進展しており、遺伝資源（遺伝子資源）の利用も多様化しつつある。また、今後も目覚ましい進展が期待される分野である。ビックデータ化する遺伝子資源情報の整理、アーカイブ化、オープンアクセス化によるグローバルな利活用促進は日本として推し進めるべき事柄である。しかしながら、急速な合成生物学手法の進展から遺伝子情報から生み出される知的財産を経済安全保障の面からも討議する必要性はある。微生物に限れば、今までの分離法では得られなかった系統群がメタゲノム、シングルセルゲノム解析等から次々と明らかになっている。それらの現状を考慮すると、ゲノム情報の取り扱いはその帰属権利とともに慎重に国際舞台で討議する必要がある。産業化には、特許取得が重要な戦略ではあるが、遺伝子配列だけで特許が取れる時代ではなく、そこから見出される有用機能を証明すること、さらに新規性、進歩性が問われる。学術的目的で公海も含めて多様なゲノム探査が行われており、それらの遺伝子情報にもアクセスは可能である。ビックデータをもとに拓かれる新たな産業、例えばＡＩデジタル産業、には必ずしも先進国でなくてもチャンスは多く存在する。

（1）「生物多様性条約」環境省自然環境局 https://www.biodic.go.jp/biolaw/jo_hon.html.
（2）Paromita B. *et al.*, 2022, Marine natural products as source of new drugs: an updated patent review, *Expert Opinion on Therapeutic Patents* 32: 317-363.
（3）Vinita M. N., *et al.*, 2022, Review on marine sponge alkaloid, aaptamine: A potential antibacterial and anticancer drug, *Chemical Biology & Drug Design*. 99: 103-110.

（４）Sunil S., *et al.*, 2010, Antiviral Lead Compounds from Marine Sponges, *Mar Drug*, 8: 2619-38.

（５）Heidi Ledford, 2010, Complex synthesis yields breast-cancer therapy, *Nature*, 468: 608-9.

（６）ＰＣＲ：Polymerase Chain Reaction の略。ポリメラーゼと呼ばれるＤＮＡの複製に関わる酵素の機能を用いて、鋳型となるＤＮＡの特定領域を増幅する技術。ＰＣＲはコロナウィルス感染症の検査に利用され、注目を集めた。

（７）Hirano M., *et al.*, 2022, A highly photostable and bright green fluorescent protein, *Nature Biotechnology* doi: 10.1038/s41587-022-01278-2.

（８）オミックス解析：生体内の構成分子であるゲノムやトランスクリプトーム、プロテオーム等を網羅的に調べる解析技術の総称

（９）JGI GOLD, http://www.genomesonline.org/cgi-bin/GOLD/index.cgi

（10）Global Ocean Sampling Expedition (GOS), https://www.jcvi.org/research/gos

（11）Houjin Z. and Kang N., 2015, The Tara Oceans Project: New Opportunities and Greater Challenges Ahead, *Genomics Proteomics Bioinformatics*. 13: 275-277.

（12）L. Paoli, *et al.*, 2022, Biosynthetic potential of the global ocean microbiome, *Nature*, 607: 111-118

（13）JGI IMG/M, https://img.jgi.doe.gov/cgi-bin/m/main.cgi

（14）ＭＡＧ：Metagenome-Assembled Genome の略。メタゲノム配列を対象として、情報学的処理によって構築されたゲノム情報

（15）Silvia G. A., et.al., 2021, Deep ocean metagenomes provide insight into the metabolic architecture of

bathypelagic microbial communities, *Communications Biology,* 4: 604.
(16) Collins F.W.J., *et al.*, 2021, The microbiome of deep-sea fish reveals new microbial species and a sparsity of antibiotic resistance genes, *Gut Mcirobes,* 13, 1.
(17) Timothy D., *et al.*, 2021, Oceanic Crustal Fluid Single Cell Genomics Complements Metagenomic and Metatranscriptomic Surveys With Orders of Magnitude Less Sample Volume, *Frontiers in Microbiology,* 12: 738231.
(18) JST CREST［海洋生物多様性］海洋生物多様性および生態系の保全・再生に資する基盤技術の創出 https://www.jst.go.jp/kisoken/crest/research_area/completed/bunyah23-3.html
(19) 一般財団法人マリンオープンイノベーション機構 (MaOI), https://maoi-i.jp/
(20) A. Cipolla, *et al.*, 2012, Temperature adaptations in psychrophilic, mesophilic and thermophilic chloride-dependent alpha-amylases, *Biochimie.* Sep;94(9):1943-50.
(21) A. Amani, *et al.*, 2022, Identification of Lipolytic Enzymes Using High-Throughput Single-cell Screening and Sorting of a Metagenomic Library, New Biotechnology, In Press, doi: 10.1016/j.nbt.2022.05.006.
(22) M. Hosokawa, *et al.*, 2015, Droplet-based microfluidics for high-throughput screening of a metagenomic library for isolation of microbial enzymes, *Biosens Bioelectron,* 15; 67: 379-85.
(23) Z. Baotong, *et al.*, 2022, Enzyme discovery and engineering for sustainable plastic recycling, *Trends in Biotechnology*, 40(1): 22-37.

(24) V. Tournier, *et al.*, 2020, V. Tournier, *et al.*, Nature, 580: 216-219, *Nature*, 2020, 580: 216-219.

(25) EC. Alley, *et al.*, 2019, Unified rational protein engineering with sequence-based deep representation learning, *Nature Methods*, 16: 1315-1322.

(26) MC. Wilson, *et al.*, 2014, An environmental bacterial taxon with a large and distinct metabolic repertoire, *Nature*, 506: 58-62.

(27) M. Kogawa, *et al.*, 2022, Single-cell metabolite detection and genomics reveals uncultivated talented producer, *PNAS Nexus*, 1(1).

4　公海域における水産資源管理と海洋保護区

森下丈二

はじめに

一九八二年国連海洋法条約（ＵＮＣＬＯＳ）は海洋に関する広範な国際法秩序を確立した。とりわけ、いわゆる二〇〇カイリ時代を招来し、海洋を沿岸国の主権と管轄権が及ぶ領海、排他的経済水域（ＥＥＺ）と、いずれの国家にも属さない公海域とに分けたことで、海洋に関するすべての活動や課題の基本的な空間構造を提供したと言える。

水産資源の利用と管理という観点からすれば、国連海洋法条約以前は世界の海において実質上自由に行われていた漁業活動が、国際法秩序の下に置かれることになったことを意味する。他方、大方の印象に反し、国連海洋法条約以前の漁業はその大部分が現在のいずれかの沿岸国のＥＥＺ内で行われており、現在の世界の海面漁業の漁獲量も九〇％以上はＥＥＺ内からきている。ＥＥＺの設置によって日本の遠洋漁業が壊滅的に縮小した理由もここにある。

他方で、国連海洋法条約は、公海での水産資源の利用と管理については地域漁業管理機関（ＲＦＭＯ）が行うという原則を確立した。事実、現在はほぼすべての公海域がいずれかのＲＦＭＯの管轄下にあり、様々な資源管理措置が導入されている。

このため、公海域の生物多様性の保全に関する「国家管轄権外区域の海洋生物多様性（BBNJ：Biodiversity Beyond National Jurisdiction）」新協定とRFMOの間の関係を分析し、整理する必要がある。例えば、コモディティとしての水産資源は生物多様性の要素として扱われるのか。RFMOの既存の保存管理措置とBBNJ新協定で議論されている海洋保護区の設置との間で、目的や方法論を含め、矛盾や優先度の問題は発生するのか？その場合にはどのような調整が必要か？やはりBBNJで検討されている環境影響評価（EIA）に対象として漁業が含まれうるのか？

BBNJ新協定の交渉においては、既存の枠組みを損なってはならない（should not undermine）との原則は受け入れられてはいるが、その実際と詳細については検討課題が多い。

本章では、このような諸問題について、とりわけBBNJにおける海洋保護区の議論とRFMOの漁業保存管理措置としての既存のエリア型管理措置との関係（e.g. 南極海洋生物資源保存委員会（CCAMLR）のMPAや北太平洋漁業委員会（NPFC）の脆弱な海洋生態系（VME）保護区域など）、ひいては、SDGsのゴール一四などの国際的規範、気候変動などの状況等の下における水産資源の持続可能な利用と保存管理の諸課題と展望について論じる。

公海域における水産資源管理

まずは公海域における水産資源管理の法的枠組みについて確認しておきたい。具体的には一九八二年国連海洋法条約とその実施協定である一九九五年国連公海漁業協定（分布範囲が排他的経済水域の内外に存在する魚類資源（ストラドリング魚類資源）及び高度回遊性魚類資源の保存及び管理に関する一九八二年一二月一〇日の海洋法に関する国際連合条約の規定の実施のための協定）の規定である。

一九八二年国連海洋法条約

公海における漁業が何ら規制もなく野放図に行われているというイメージがあるかもしれない。これは二〇〇カイリ時代開始以前の漁業や、公海の広い部分を漁業禁止水域にするべきといった環境保護団体のキャンペーン、それらをめぐる報道などによって形作られたものだが、国連海洋法条約の「公海自由の原則」も一役買っていると言えよう。

「公海自由の原則」を規定した国連海洋法条約第八七条は以下のように規定する。

第八七条 公海の自由

1 公海は、沿岸国であるか内陸国であるかを問わず、すべての国に開放される。公海の自由は、この条約及び国際法の他の規則に定める条件に従って行使される。この公海の自由には、沿岸国及び内陸国のいずれについても、特に次のものが含まれる。

（e）第二節に定める条件に従って漁獲を行う自由

なお、漁獲の自由以外には、航行の自由、上空飛行の自由、海底電線及び海底パイプラインを敷設する自由、人工島その他の施設を建設する自由、及び科学的調査を行う自由が含まれる。

ここでは、漁獲の自由はあくまで一定の条件の下で認められることが明記されている。（ｅ）の公海についての規定を定めた第七部の第二節は公海における生物資源の保存及び管理に関する諸規定を含む。例えば、第二節では、公海における生物資源の保存のための措置を自国民についてとる国の義務（第一一七条）、生物資源の保存及び管理における国の間の協力（第一一八条）、公海における生物資源の漁獲可能量の決定と他の保存措置の導入（第一一九条）を規定し、特に第一一六条は排他的経済水域での諸活動を規定した第五部の第六三条（ストラドリング資源）、第六四条（高度回遊性生物）、第六五条（海産哺乳動物）、第六六条（遡河性資源（サケマス））、第六七条（降河性資源）に従うことを、公海漁業の条件として規定している。

すなわち、公海での漁業は公海自由の原則に立ちながらも、排他的経済水域に適用される諸規定に従うことがその条件として明記されていることになる。国際法秩序に関する限りは公海での漁獲は一般にイメージされているように自由ではないのである。

特に、第六三条（ストラドリング資源）と第六四条（高度回遊性生物）はＲＦＭＯを通じて公海漁業の管理を行うことを義務付けた重要な規定であり、以下に引用する。

第六三条　二以上の沿岸国の排他的経済水域内に又は排他的経済水域内及び当該排他的経済水域に接続する水域内の双方に存在する資源

１　同一の資源又は関連する種の資源が二以上の沿岸国の排他的経済水域内に存在する場合には、

これらの沿岸国は、この部の他の規定の適用を妨げることなく、直接に又は適当な小地域的若しくは地域的機関を通じて、当該資源の保存及び開発を調整し及び確保するために必要な措置について合意するよう努める。

２　同一の資源又は関連する種の資源が排他的経済水域内及び当該排他的経済水域に接続する水域内の双方に存在する場合には、沿岸国及び接続する水域において当該資源を漁獲する国は、直接に又は適当な小地域的若しくは地域的機関を通じて、当該接続する水域における当該資源の保存のために必要な措置について合意するよう努める。

第六四条　高度回遊性の種

１　沿岸国その他その国民がある地域において附属書一に掲げる高度回遊性の種を漁獲する国は、排他的経済水域の内外を問わず当該地域全体において当該種の保存を確保しかつ最適利用の目的を促進するため、直接に又は適当な国際機関を通じて協力する。適当な国際機関が存在しない地域においては、沿岸国その他その国民が当該地域において高度回遊性の種を漁獲する国は、そのような機関を設立し及びその活動に参加するため、協力する。

２　１の規定は、この部の他の規定に加えて適用する。

第六三条は、漁業資源が二つ以上の排他的経済水域にまたがって（ストラドリング）存在する場合（第一項）と排他的経済水域と隣接する公海に存在する場合（第二項）について規定し、特に第二項は、公海漁業の管理においてＲＦＭＯを通じて必要な保存管理措置に合意するように求めている。この規定に基づいて公海の漁業管理を行っているＲＦＭＯとしては、後述する北太平洋漁業委員会（ＮＰＦＣ）や北西大西洋漁業機関（ＮＡＦＯ）などがある。

第六四条は、主にカツオ・マグロを対象とした規定であり、「排他的経済水域の内外を問わず」、すなわち排他的経済水域と公海の双方について、ＲＦＭＯを通じて「当該種の保存を確保しかつ最適利用の目的を促進するため」協力することがうたわれている。さらに、関係する海域にＲＦＭＯが存在しない場合には、ＲＦＭＯを設立して協力することが規定されている。現在、カツオ・マグロを対象とするＲＦＭＯは五機関あり、カツオ・マグロ類が回遊する海域は実質上すべてこれらのＲＦＭＯの管理の下にある。

一九九五年国連公海漁業協定

国連公海漁業協定は、国連海洋法条約第六三条と第六四条の実施のための詳細と、国際的漁業管理の規範となっている様々な原則やコンセプトを規定したもので、ストラドリング資源とカツオ・マグロ資源だけではなく、広く漁業管理一般に関する規範を確立した国際法として重要である。

例えば、本件協定では、第二条（目的）において、対象魚類資源の長期的な保存と持続可能な利用の確保を規定しており、ＳＤＧｓ（国連持続可能な開発目標）を通じて定着しつつあるサステナビリティがすでに盛り込まれている。そのほかにも、保存管理措置における旗国、寄港国、沿岸国の役割の明確化、生物多様性の保存を含む生態系アプローチ、生物学的基準値の設定を含む予防的アプローチ、排他的経済水域内の保存管理措置と公海の保存管理措置の一貫性、ＲＦＭＯによる関係国間の協力、監視取締りにおける国際協力、開発途上国との協力と支援などについて詳細に規定されており、現在の国際漁業管理の土台を提供していると言える。

本件協定の主要ポイントとして、外務省は下記を挙げている（https://www.mofa.go.jp/mofaj/gaiko/treaty/treaty164_12_gai.html）。

①科学的根拠に基づく両魚類資源の管理のため、沿岸国と遠洋漁業国は、直接に又は地域漁業管理機関等を通じて協力する。

②排他的経済水域での沿岸国の保存管理措置と公海での地域漁業管理機関等の保存管理措置との間に一貫性を保つ。

③地域漁業管理機関の加盟国等又は当該機関等が定める保存管理措置に合意する国のみが、両魚類資源の利用機会を有する。

④旗国は、自国漁船による保存管理措置の遵守を確保し、違反漁船に対する取締りを行う。

⑤地域漁業管理機関等が対象とする公海水域において、当該機関の加盟国等である本協定の締約国は、本協定の他の締約国（当該機関の加盟国等か否か問わない）の漁船に乗船し検査できる。

ここで特に注目すべき点は、公海での漁業管理は地域漁業管理機関を通じて行うという原則を確認したうえで、さらに、「地域漁業管理機関の加盟国等又は当該機関等が定める保存管理措置に合意する国のみが、両魚類資源の利用機会を有する」として地域漁業管理機関に参加しない国やその保存管理措置に合意しない国が漁業に参加することを否定したことにある。通常は、条約や協定などの国際約束に参加しない国は、その国際約束に束縛されないが、国連公海漁業協定はそのような国の漁業への参加を認めないということを宣言したわけである。また、上記⑤の公海での乗船検査（第二一条）に関しては、ある地域漁業管理機関のメンバーであり国連公海漁業協定の締約国は、その地域漁業管理機関ではない国の漁船であっても、その国が国連公海漁業協定締約国でありさえすれば、一連の手続きに従ったうえで公海での乗船検査を行うことができることを規定している。この規定は、旗国主義と抵触する可能性があるセンシティブな規定であり、協定作成交渉でも最後まで難航した規定であるが、結果的には地域漁業管理機関の権限をさらに強化するものとなっている。

公海漁業と地域漁業管理機関（ＲＦＭＯ）

国家の管轄権に属さない海域、すなわち公海は全海洋の約六割から七割を占めると言われるが、前述のように漁業の九〇％以上は排他的経済水域内で行われている。しかし、公海における海洋生物資源と海洋生態系の保存管理は依然として重要である。排他的経済水域と公海の境界はあくまで人為的なものであって、公海における漁業資源の管理は排他的経済水域内での漁業管理に影響を与え、公海の海洋環境や海洋生態系の変化は排他的経済水域内に影響を与える。逆ももちろんしかりである。

公海は一部水域を除き、そのほぼすべてがすでに何らかの地域漁業管理機関（ＲＦＭＯ）の管轄下にあり、様々な保存管理措置が導入されてきている（次頁図1・2）。ここでは、公海において地域漁業管理機関はどのような活動を行ってきているのか、いくつかの地域漁業管理機関を例にして、特に空間ベースの管理措置（区域型管理ツール）（ABMT：Area-based Management Tools）に注目してみていくこととする。

（1）北太平洋漁業委員会（NPFC）

北太平洋漁業委員会（NPFC：North Pacific Fisheries Commission）は、二〇一五年七月に発効した「北太平洋における公海の漁業資源の保存及び管理に関する条約」によって設立された、比較的若い地域漁業管理機関である。条約名から明確なように北太平洋漁業委員会（NPFC）の保存管理措置の対象水域は公海であり、その目的は第二条に以下のように規定されている。

第二条（目的）

この条約は、条約水域における漁業資源が存在する北太平洋の海洋生態系を保護しつつ、当該漁業資源の 長期的な保存及び持続可能な利用を確保することを目的とする。

注目すべきは、漁業資源の保存と持続可能な利用の確保に加えて、海洋生態系の保護を目的として挙げていることである。NPFCについてはサンマなどの漁業資源の管理を主要な使命としているという印象が強いかもしれないが、後述するように、その設立に向けての交渉の引き金となったのは、国連を中心とした「脆弱な海洋生態系（VME：Vulnerable Marine Ecosystem）」の保護をめぐる議論であった。

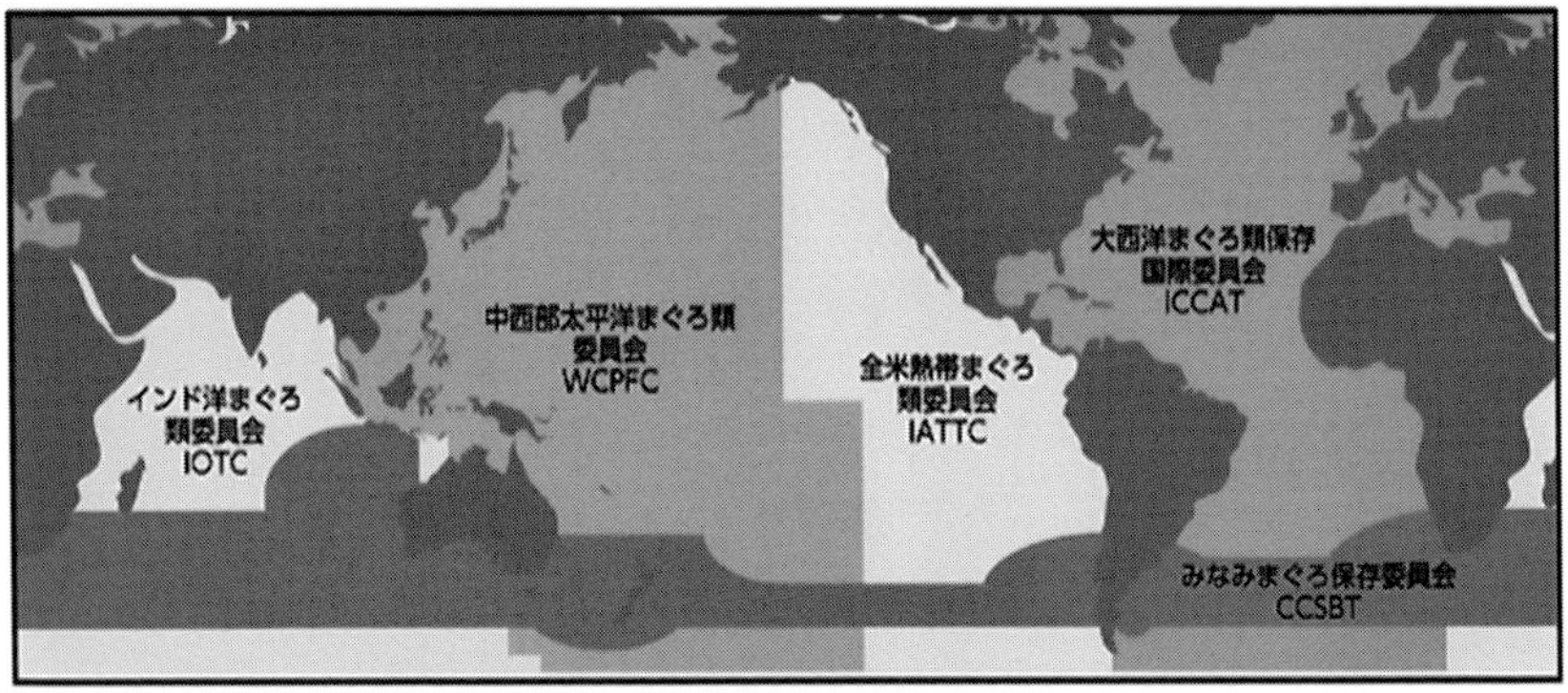

図１　カツオ・マグロ類を管理する地域漁業管理機関と対象水域（出典：世界の地域漁業管理機関、平成２８年度水産白書、https://www.jfa.maff.go.jp/j/kikaku/wpaper/h28_h/trend/1/t1_1_3_2.html）

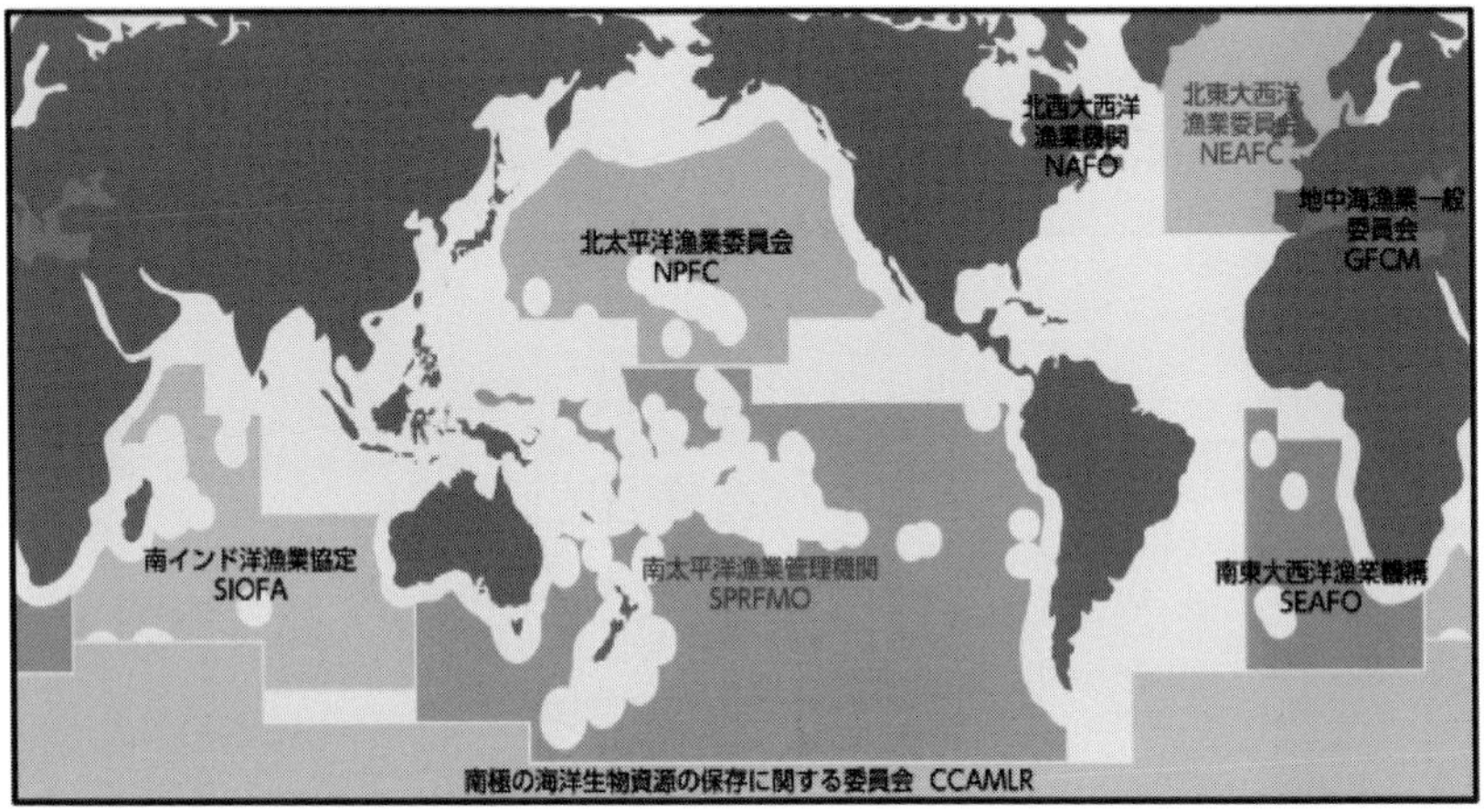

注：我が国はSPRFMO及びNEAFCには未加盟

図２　カツオ・マグロ類以外の資源を管理する地域漁業管理機関と対象水域（出典：世界の地域漁業管理機関、平成２８年度水産白書、https://www.jfa.maff.go.jp/j/kikaku/wpaper/h28_h/trend/1/t1_1_3_2.html）

二〇二一年八月時点で導入されている保存管理措置は下記のとおりである（外務省経済局漁業室作成資料より。https://www.mofa.go.jp/mofaj/files/000438323.pdf）。

①サンマの保存管理措置：二〇二一年及び二〇二二年漁期におけるNPFC条約水域（公海）への総漁獲可能量（TAC）を一九万八〇〇〇トンに規制（各国は公海での漁獲量について二〇一八年の実績から四〇％削減）、遠洋漁業国・地域による許可隻数の増加を禁止、サンマの洋上投棄禁止、小型魚の漁獲抑制の奨励等。

②マサバの保存管理措置：可能な限り早期に資源評価を完了し、それまでの間、公海でマサバを漁獲する漁船の許可隻数の増加を禁止。

③底魚の保存管理措置：天皇海山海域におけるクサカリツボダイについて、当面は漁獲を抑制しつつ、モニタリングにより資源状況が良好と判明した時点で漁獲の増加を認めることとする等。

④マイワシ、スルメイカ、アカイカの保存管理措置：許可隻数の増加抑制等。

⑤ＩＵＵ漁船リスト作成（無国籍船三六隻掲載）

⑥公海乗船検査：委員会に登録された各国の取締船は、一定の手続きに従って、条約水域で操業する漁船に対し乗船検査を実施可能。

本稿の関心事項である空間ベース（区域型）の管理ツール（ＡＢＭＴ）に着目すると、北太平洋漁業委員会（ＮＰＦＣ）は、天皇海山周辺海域での漁業に、脆弱な海洋生態系の保護のために操業禁止海域を設定しており、さらに、今までは操業が行われてこなかった海域に広大な閉鎖海域を設定して、新たな漁業の操業を禁止している。

北太平洋の公海域にはいくつかの海山が存在し、天皇海山海域では一九六〇年代から日本、韓国、ロシアがクサカリツボダイやキンメダイを対象とした底引き網漁業、底刺し網漁業、底延縄漁業を行ってきている。また、カナダは、北東太平洋の四つの海山を漁場としてギンダラを対象とした延縄漁業を行っている。これらの漁業は海底に生息する魚類を対象とすることから底引き網などの漁具が海底に接触することになり、冷水性サンゴやヤギなどの分布する海底をかく乱、破壊する可能性がある。

国連においては、このような海底の脆弱な海洋生態系（VME）に対する海底接触型漁具の影響への懸念が議論され、二〇〇四年には、公海での着底底引き網漁業を全面禁止するという提案が提出された。議論の末、同提案はかろうじて否決されたものの、地域漁業管理機関に対策を求め、管理機関が存在しない海域においては管理機関を早急に結成することなどを規定した国連総会決議（決議番号五九／二五）が採択された。さらに、二〇〇六年の国連総会では、VMEに関する一連の行動と措置を求める決議（決議番号六一／一〇五）が採択された。同決議には下記のような項目が規定された。

①各国は、脆弱な海洋生態系の保護のため、個別にあるいはRFMO等を通じ、緊急に行動する。
②RFMO等は、二〇〇八年一二月三一日までに、漁業活動が脆弱な生態系に与える影響を評価し、重大な影響がある場合は、その影響を防止するよう管理するか、許認可を継続しないなどの措置を採択、実施するとともに、公表する。

③ＲＦＭＯ等の存在しない海域において、ＲＦＭＯ等の設立交渉を加速し、二〇〇七年一二月三一日までに②の措置と整合性のある暫定的保存管理措置を実施する。

④ＲＦＭＯ等も③の暫定的保存管理措置も存在しない海域においては、旗国が②と同様の措置を講じるか、又は、②、③の措置を講じるまでの間、底魚漁業の許認可を停止する。

⑤本決議に基づき各国及びＲＦＭＯ等によってとられた行動について第六四回総会に報告し、必要な場合はさらなる勧告を行う観点から、二〇〇九年の国連総会においてレビューを行う。

この決議が採択された二〇〇六年時点では、北太平洋に底魚漁業を管理するＲＦＭＯは存在せず、そのままでは天皇海山等における漁業が停止する可能性があったことが、北太平洋漁業委員会（ＮＰＦＣ）の設立につながったわけである。さらに、ＮＰＦＣ関係国は設立前から漁業がＶＭＥに与える影響の評価を開始するとともに、未利用海域であってＶＭＥの存在の可能性がある海域を禁漁海域とし、現に操業が行われている海域についてもＶＭＥへの影響を避けるための措置を導入していった。現在ではサンマなどの漁業資源の保存管理の機能の方が大きく取り上げられる機会が多いが、ＮＰＦＣは公海における海洋生態系の保護の必要性をきっかけに生まれ、現在もＡＢＭＴを使ってＶＭＥの保護を行っているのである。

（2）南極海洋生物資源保存委員会（CCAMLR）

南極海洋生物資源保存委員会（ＣＣＡＭＬＲ：Commission for the Conservation of Antarctic Marine Living

Resources）は、一九八二年に発効した「南極の海洋生物資源の保存に関する条約（ＣＡＭＬＲ条約）」により設立され、南極大陸を囲む南極海の海洋生物資源と海洋生態系を対象とする。南極大陸における領土の主張、領土についての請求権などが一九六一年の南極条約により「凍結」されていることから、南極大陸を取り囲む海は公海であり、ここではＣＣＡＭＬＲによる公海の生物資源の保存と管理が行われている。

ＣＣＡＭＬＲの目的は、南極の海洋生物資源について、漁獲対象種並びにその関連種及び依存種を含め、合理的利用を図りつつ保存することにあるが、ＣＡＭＬＲ条約は南極の海洋生態系の保護の重要性を規定し、他のＲＦＭＯに先んじて生態系アプローチを導入していることから、ＣＣＡＭＬＲを単なる漁業管理のための国際機関とみることに異論を唱える締約国も多い。

二〇二一年八月時点で導入されている保存管理措置は下記のとおりである（外務省経済局漁業室作成資料より。https://www.mofa.go.jp/mofaj/files/000438313.pdf）。

対象魚種：メロ（マゼランアイナメ）、オキアミ等の南極海洋生態系に属する海洋生物資源

保存管理措置：従来のオキアミ漁業に関する保存措置の他、近年のメロ（マゼランアイナメ）に関する違法・無報告・無規制（ＩＵＵ）漁業の増大を背景に、メロ漁業に関する保存措置を強化（漁獲証明制度、規制遵守措置、漁船監視システム（ＶＭＳ）情報の事務局集中化等）。

二〇一一年に海洋保護区（ＭＰＡ）設置のための一般枠組みに関する保存管理措置が採択されて以降、

ＭＰＡの設置に関する議論に多くの時間が割かれている。

二〇一六年一〇月、ＣＣＡＭＬＲはロス海にＭＰＡを設定することに合意し、世界のマスコミは、一五七万平方キロに及ぶ世界最大の海洋保護区が指定され、漁業が禁止され、貴重な南極の手つかずの自然が保護されることとなったと報じた。そこからは、広大な海域が永久的に no-take zone となったという印象を受けるが、実際に設立されたロス海ＭＰＡを詳細にみると、その印象は過度に単純化されている。またその印象は、ＭＰＡとは広大で永久的な漁業禁止海域であるべきという主張やパーセプションも反映したものであると言えよう。

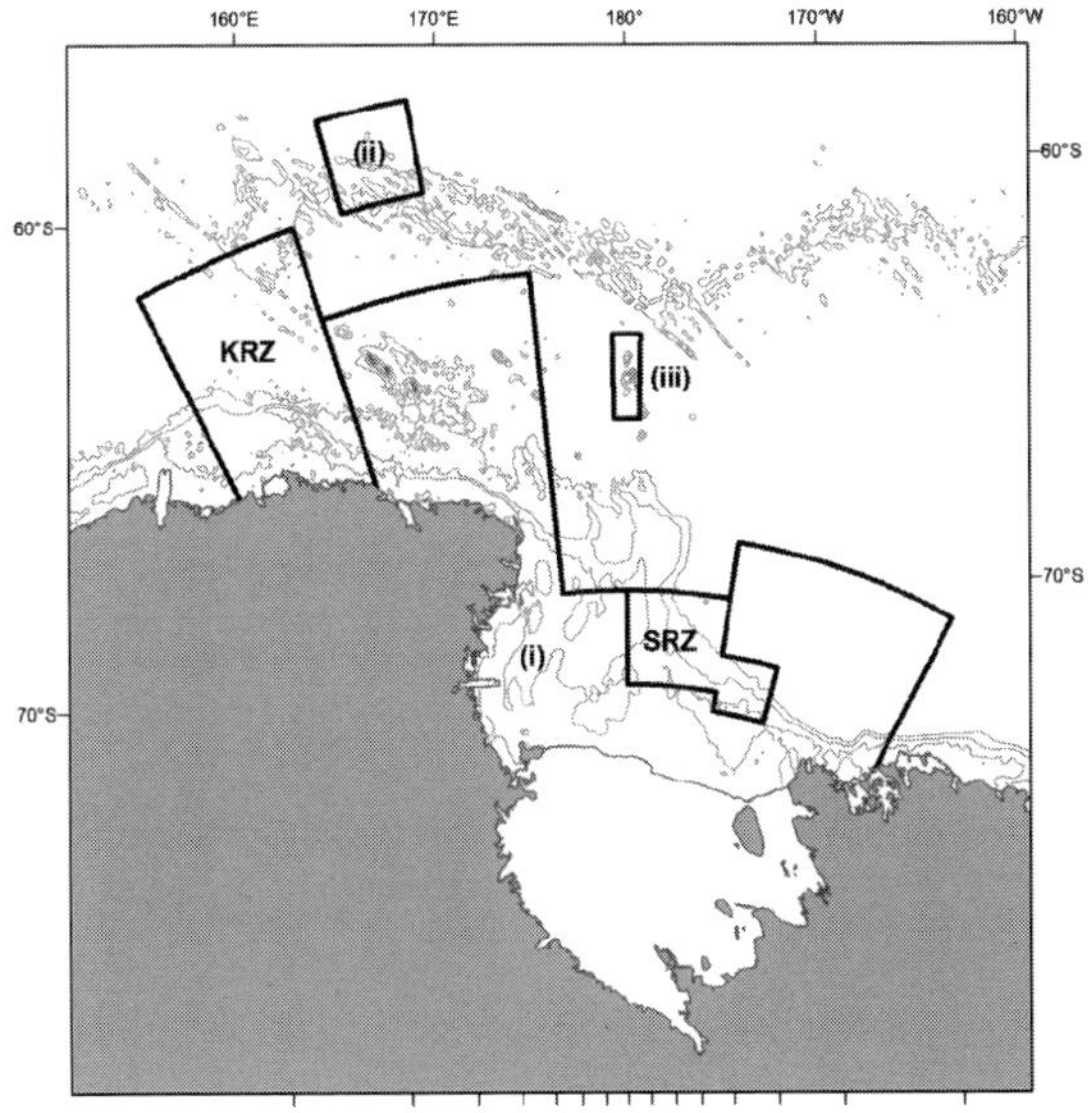

図3　ロス海 MPA（CCAMLR 保存措置（CM）９１－０５から）

それでは合意されたロス海ＭＰＡとはどのようなものか。図３に示したように、ロス海ＭＰＡは目的と機能が異なる複数の海域の複雑な組み合わせから構成されており、広い単純な形状の海域を漁業禁止としたわけではない。ＭＰＡを規定するそれぞれの境界線は科学的な情報に基づき設定されており、例えば保護が必要な海底の生態系などに対応している。特別調査海域（ＳＲＺ）では、メロ（マゼランアイナメなど）とオキアミを対象とした漁業が許され、その漁業を通じて科学データが収集される。オキアミ調査海域（ＫＲＺ）では、やはり漁業の実施を通じてデータの収集が図られる。一般禁止海域（図の（i）（ii）（iii））では漁業が禁止されるが、漁業から保護する必要がある海洋生態系などが明確に規定されるとともに、漁業禁止の代替措置としてＭＰＡの外側の新たな漁場が解放された。ここにはＭＰＡの明確な管理目標と、その目標を達成するために科学的に必要な措置が規定されている。

愛知目標の一〇％ゴールのような数値目標などから、ＭＰＡの設立そのものがゴールであると位置付けられがちであるが、正当なＭＰＡとは、むしろ海洋生態系の保存と管理に向けてのスタートである。ロス海ＭＰＡでは、設立されたＭＰＡの下での管理計画と調査モニタリング計画が規定され、さらに、五年ごとのＣＣＡＭＬＲ科学委員会によるＭＰＡでの諸活動やＭＰＡの効果に関する検討、一〇年ごとのＣＣＡＭＬＲ年次会合によるＭＰＡの内容の検討と必要に応じた修正、そして、三五年後のＭＰＡ効力終了が規定されている。

これらの詳細は、後述する一般的なＭＰＡと地域漁業管理機関（ＲＦＭＯ）の空間ベースの管理措置の対比も浮き彫りにするものであろう。

（３）その他の地域漁業管理機関（ＲＦＭＯ）

世界の公海のほぼすべての海域には何らかのＲＦＭＯが設立され、その海洋生物資源や海洋生態系の保存と管理を担っており、ＮＰＦＣとＣＣＡＭＬＲ以外のＲＦＭＯも多様な保存管理措置を設定している。

例えば、北西大西洋漁業機関（ＮＡＦＯ：the Northwest Atlantic Fisheries Organization）は一二種二〇系群の漁業資源の資源評価と漁獲割当量の設定、漁獲統計情報の収集と整備、ＶＭＥ保護のための影響評価と禁漁海域の設定、漁業に伴う混獲や投棄の規制などを行っている。また、南東大西洋漁業機関（ＳＥＡＦＯ：South East Atlantic Fisheries Organization）も五魚種についての総漁獲可能量（ＴＡＣ）の設定、違法無規制無報告（ＩＵＵ）漁業対策（正規許可船リスト、寄港国措置）、ＶＭＥ保護のための禁漁海域の設定等を実施している。インド洋では、南インド洋漁業協定（ＳＩＯＦＡ：Southern Indian Ocean Fisheries Agreement）のもとで、広大な海域での主要三魚種（キンメダイ、メロ、オレンジラフィー）を対象とする底魚漁業の規制（操業海域規制等）やＶＭＥ保護のための禁漁海域の設定などを行っている。

ＭＰＡと地域漁業管理機関（ＲＦＭＯ）の空間ベースの管理措置

生物多様性条約（ＣＢＤ）締約国会議が二〇一〇年に採択した愛知目標では、「二〇二〇年までに沿岸と海洋域の一〇％に保護区又はその他の効果的な保存措置を設定する」ことが掲げられ、さらに、本稿執筆時点（二〇二二年二月）には、この後継の目標として二〇三〇年までに海洋の三〇％を保護すると言う提案が議論されている。ＭＰＡに関する愛知目標は、二〇一二年のリオ＋２０の成果文書であるThe Future We WantやＳＤＧｓの目標一四でも再確認されており、後述のＢＢＮＪに関する交渉の論点の一分野も「ＭＰＡを含む空間ベース（区域型）の管理手法（ＡＢＭＴ）」であるなど、ＭＰＡ等の設定は国際的に大きな潮流となっていると言える。

ＭＰＡに関する一般的なイメージとしては、海洋環境や海洋の生物多様性を保護するために、広大な海域で恒久的に漁業を禁止する、いわゆる no-take zone を思い浮かべる向きも多いだろう。広大な海域を海洋保護区で覆うということが国際的な方向性となっている一方で、漁業者や環境保護に後ろ向きな勢力はこれに反対しているという印象もあろう。このようなＭＰＡを支持するか否かの二者択一的な対立の構図が喧伝される場合が多いが、実は、ＭＰＡの定義やイメージは多様である。

例えば、二〇〇四年に生物多様性条約（ＣＢＤ）第七回締約国会議が採択した定義は下記のようなものであり、単純な漁業全面禁止海域ではない（Decision VII/5）。

「水体とそれに付随する動植物相及び歴史的文化的な性質を含む海洋環境又は隣接する区域であって、（法的）規制又は慣習を含む他の効果的な手法によって保護され、海洋又は沿岸の生物多様性が周辺よりも高度に保護されている区域」

また、ＩＵＣＮは海洋保護区を、厳格な自然保護区から資源の持続可能な利用を目指す資源管理保護区まで多数のカテゴリーに分類している。

他方、禁漁区などの空間ベースの保存管理措置は、各国の国内でも国際的にも漁業管理の世界では古くから用いられている手法である。また、日本の漁業権制度も、一定の海域に排他的な権利を設定して漁業資源の利用を図るものであり、ＣＢＤの定義に合致し、ＩＵＣＮの資源管理保護区カテゴリーに分類されうる。

上記で紹介したＮＰＦＣなどの地域漁業管理機関の空間ベースの保存管理措置も、同様にＣＢＤなどが定義するＭＰＡとしての条件を満たしている。しかし、漁業関係の保存管理措置は海洋生態系の保護や海洋生物多様性の保護を目的としたものではなく、ＭＰＡには当たらないとの主張も根強い。

愛知目標などの数値目標の達成と漁業者などのステークホルダーの間の対立が一人歩きしている感があるが、本来、海洋環境・海洋生態系・海洋生物多様性の保全と持続可能な形での海洋生物資源の利用は、矛盾もしていなければ対立する概念でもない。むしろこれらはコインの裏表であって、健全な海洋環境なしに健全な漁業もないし、正当な漁業者は海洋環境の見守り役（スチュワード）であって破壊者ではない。それにもかかわらず、なぜ海洋保護区をめぐる議論が、漁業を禁止するか否か、それに賛成か反対かの二者択一的に捉えられ、対立ばかりが強調されるのか。

ここで議論の焦点となりつつあり、二者択一的な構図から脱して海洋生態系の保全と海洋生物資源の持続可能な利用を両立させる可能性がある概念が、「その他の効果的な保存措置（ＯＥＣＭ：Other Effective Area-based Conservation Measures）である。愛知目標では、「二〇二〇年までに沿岸と海洋域の一〇％に保護区又はその他の効果的な保存措置を設定する」と規定されており、保護区とＯＥＣＭを合算して一〇％という数値目標を達成することとなっている。ＯＥＣＭとはどのような保存措置を指すのか。生物多様性条約第一四回締約国会議（ＣＯＰ１４）は、ＯＥＣＭについて以下の定義を採択している（ＣＢＤ /COP/DEC/14/8。下記は環境省による仮訳）。

「保護地域以外の地理的に画定された地域で、付随する生態系の機能とサービス、適切な場合、文化的・精神的・社会経済的・その他地域関連の価値とともに、生物多様性の域内保全にとって肯定的な長期の成果を継続的に達成する方法で統治・管理されているもの」

想定されるＯＥＣＭの例としては、例えば日本の神社の鎮守の森のように文化的宗教的な意味合いから保全・管理されてきて、結果的に長期的に生物多様性が守られているエリアが挙げられる。漁業に関する空間的な保存管理措置についても、漁獲対象魚種の保存管理が、結果的にその魚種が生息する海洋生態系と生物多様性の保全につながる場合には、ＯＥＣＭとして数値目標の達成にカウントされることが期待できる。上記定義を定める議論の過程では、漁業に関連する保存管理措置をＯＥＣＭから排除する主張もあったが、漁業の保存管理措置の長所が認識された結果、排除は免れている。漁業保存管理措置では、no-take zone のようにステークホルダーである漁業者を排除するのではなく、漁業者の理解と協力を得たうえで、相互監視も含めて、保存管理措置が運営され、またモニター、評価される。ＭＰＡを設定することを最終目標とするのではなく、ＡＢＭＴの運営を通じて真の生物多様性の保全を目指すのであれば、むしろステークホルダーがスチュワードとして参加して、長期的に安定し、気候変動をはじめとした状況の変化もいち早く察知し、対応を検討できるシステムの方が望ましいことは論を俟たないはずである。しかし、漁業保存管理措置をＯＥＣＭから排除するという考え方もまだ根強いこともまた事実である。

ここでさらに論点をつけ加えるとすれば、海洋保護区の設定をゴールとして主張する考え方と、将来に向けての海洋環境の保全のスタート点とする考え方の違いという要素もあるだろう。通常の状態でも海洋環境とその生物相は常に動的に変動しており、その中で漁業者を含むステークホルダーの反発ではなく協力を得つつ、海洋をモニターし、保存管理措置の効果を見極め、必要に応じてそれを修正していくということをしない限りは、本来の目標である海洋環境の保全の達成は困難である。広い海域を no-take zone として終わりというペーパーＭＰＡは、設立時のメディア上のインパクトは大きいかもしれないが、実効性の観点からは設置前後で何も変わらないケースや、海洋環境の動的変動に対応できず、むしろ環境の悪化に対してタイムリーな対応ができない事態さえ生じかねない。

ＭＰＡの提案に賛成するか、反対するかといった二者択一の議論から脱却し、ステークホルダーの協力を得ながら海洋環境の実効性ある保全を図るためには、ＯＥＣＭに代表されるような措置が可能か否かについて論じる時が来ている。

ＢＢＮＪと地域漁業管理機関（ＲＦＭＯ）の漁業保存管理措置

国家の管轄権が及ぶ陸上と排他的経済水域においては、一九九三年に発効した生物多様性条約（ＣＢＤ）により、生物多様性の保存、その持続可能な利用、そして生物多様性の利用から得られる利益の公平な配分という三本柱を目的とした国際的な法制度が提供されている。しかし、国家管轄権外の区域、すなわち公海における生物多様性については、従来法的な空白が存在することが認識されてきており、約一五年にわたり国連の場を中心にＢＢＮＪの保全管理についての議論が行われてきた。

ＢＢＮＪの法的枠組みに関する各国の関心は多様であり、時に矛盾をはらんでいる。Ｇ７７＋中国と呼ばれる発展途上国に中国を加えたグループの最大の関心は公海の生物多様性や海洋遺伝資源から得られる利益の配分と、能力開発・海洋技術移転である。環境保護団体とその働きかけを受けた欧州共同体（EU）の関心は、公海に海洋保護区を設立するための法的枠組みを作ることであり、また、公海における活動に対する環境影響評価の導入を強く求めている。他方、日本、米国、ロシア、カナダなどは公海における生物資源の開発や利用、その調査研究活動に規制や制限が加えられることや、RFMOを含む既存の国際的・法的枠組みがBBNJにより影響を受けたり損なわれることを懸念しており、第三のグループを形成している。

BBNJ交渉は、①海洋遺伝資源（利益配分に関する問題を含む）、②空間ベース（区域型）の管理ツール等の措置（海洋保護区（MPA）を含む）、③環境影響評価（EIA）、④能力構築・海洋技術移転、そして⑤横断的問題の五分野について議論が行われているが、それぞれの分野に多数の論点があり、極めて広範で多様な論議が交わされている。本稿では、RFMOの活動と関係が深い「海洋遺伝資源（利益配分に関する問題を含む）」と「空間ベース（区域型）の管理ツール等の措置（海洋保護区（MPA）を含む）」について、概観する。

まず、「海洋遺伝資源（利益配分に関する問題を含む）」の論点であるが、そもそも「海洋遺伝資源」の定義について合意がない。これには漁業資源としての魚を含むのか、海洋遺伝資源から作られる派生物を含むのか、さらにDNA塩基配列などの遺伝情報（データ）は含まれるのか。漁業資源としての魚が含まれる場合には、当然RFMOの保存管理措置とBBNJ関連措置の間に調整が必要となる事態が考えられる。また、極めて根本的な問題として、海洋遺伝資源を人類の共同財産として位置付けるのか、あるいは、無主物とみて開発した者がそこから生ずる利益を享受できるとみるのか。もし前者とすれば、国際ルールの下で公海の海洋遺伝資源へのアクセス規制や制限が導入されることが予想されるが、これは国連海洋法条約にうたわれている公海自由の原則と矛盾しないのか。また、現在の公海漁業資源の管理は、果たして人類の共同財産としての漁業資源という考え方と折り合いがつくのか。仮に利益配分が合意されるとすれば、それは金銭ベースであるのか、資源へのアクセス提供を意味するのか、といった問題がある。

「空間ベース（区域型）の管理ツール等の措置（海洋保護区（ＭＰＡ）を含む）」の論点においても、その定義に合意がない。推進派はＡＢＭＴを公海で設置するためのグローバルな枠組みを支持しているが、日本などは、ＲＦＭＯのように、すでにそのような機能を持つ既存の国際機関が存在し機能していることなどを指摘し、重複やＢＢＮＪと既存機関の矛盾の可能性に懸念を持っている。グローバルなアプローチが採用される場合には、運営（ＡＢＭＴ設置の提案、管理措置の実施、監視取締り、科学情報の収集、評価など）のための新たなメカニズムや組織などの必要性、そこでの意思決定の必要性と方式などが問題となりうる。そのような膨大な作業を支える資金の問題も重要である。また、ＡＢＭＴなどの政策決定のためには科学情報の提供と検討が不可欠であろうが、それをどのように確保するのかという課題も重要である。ＲＦＭＯでは、一般的に科学委員会が設置され、加盟各国の科学者が議論を行って、政策決定のための情報提供や勧告などを行っている。

ＢＢＮＪ新協定の交渉においては、ＲＦＭＯを含む既存の枠組みをアンダーマインしない（損なわない）との原則は受け入れられてはいるが、その実際と詳細については検討課題が多い。上述の様々な問題点について、公海域の生物多様性の保全に関するＢＢＮＪ新協定とＲＦＭＯの間の関係を分析し、整理する必要がある。コモディティとしての水産資源は生物多様性の要素や海洋遺伝資源として扱われるのか？　ＲＦＭＯの既存の保存管理措置とＢＢＮＪ新協定で議論されている海洋保護区の設置などとの間で、目的や方法論を含め、矛盾や優先度の問題は発生するのか？　その場合には誰がどのように調整するのか、できるのか？　やはりＢＢＮＪで検討されている環境影響評価（ＥＩＡ）に対象として漁業が含まれうるのか？　難問山積である。

結び

海洋保護区というと、広大な海域で永久的に漁業を禁止する no-take zone というイメージが強く、漁業をその海域から排除すること自体が目的化しているという印象さえある。しかし、本来漁業と豊かな海洋生態系・生物多様性とは対立する概念ではなく、豊かな海洋環境があってこそ漁業が成立し、持続可能な漁業が行われることが海洋生態系を保全することにもなる。したがって、海洋保護区と地域漁業管理機関が設置する空間ベース（区域型）の保存管理措置も対立概念ではあってはならないはずである。

むしろ漁業者を中心とするステークホルダーの理解と支持の下で設立され、管理され、運営され、レビューされる地域漁業管理機関の空間ベースの保存管理措置は、愛知目標に規定されたＯＥＣＭとして位置付けられるべきである。主要ステークホルダーを排除する保存管理措置は、ＡＢＭＴに限らずいずれ破綻することとなるのは多くの事例が証明している。例えば、二〇二一年一一月には南太平洋の島しょ国であるキリバスが、二〇〇八年に設置した広大な海洋保護区を改組し、マグロ漁業の操業を再開したというニュースが流れた（https://www.maritime-executive.com/article/kiribati-terminates-giant-marine-protected-area-to-boost-tuna-fishing）。また、ペルー沖のナスカ海洋保護区設置に関するペルー政府内での議論の結果、最終的に同海洋保護区における既存の漁業の権利が永久的に保障されることとなった（https://chinadialogueocean.net/19638-peru-defends-nasca-ridge-paper-park-allows-industrial-fishing/）。環境保護団体などからはこれらに反対する意見が表明されているが、管理された漁業活動とこれらの保護区の海洋環境の保全が今後どのように進展していくか、注目していくべきであろう。

海洋生態系と海洋生物多様性に悪影響を与える要素は、海洋汚染、気候変動、海運、そして漁業など多様で、その影響の度合いも状況によって変化する。

そして海洋生態系と海洋生物多様性を守らなければならないことは論を俟たない。no-take zone のみに頼った海洋保護区は万能薬ではない。漁業以外の要素の影響が大きい場合には、むしろ海洋環境保全に本当に必要な措置を導入できず、海洋環境のさらなる悪化を招く可能性さえ存在する。海洋保護区の導入自体が目的化し、導入後何らその管理運営や状況のモニターが行われないペーパーＭＰＡは、本質的に動的で不確実性が多く存在する海洋生態系・海洋生物多様性の変化に対応できず、必要な保存管理措置の導入や変更に失敗する可能性がある。

症状とその原因、そしてその症状の変化に見合った予防と治療を施さなければ、海洋環境の保全にはつながらない。

参考文献

坂元茂樹・薬師寺公夫・植木俊哉・西本健太郎（編）　二〇二一『現代海洋法の潮流 第四巻　国家管轄権外区域に関する海洋法の新展開（日本海洋法研究会叢書）』有信堂高文社

水産総合研究センター研究開発情報（編集：国際水産資源研究所）二〇一六『ななつの海から』第一〇号 http://fsf.fra.affrc.go.jp/nanatsunoumi/nanaumi 10.pdf

森下丈二　二〇一九「マグロ資源管理について考える」佐藤洋一郎・石川智士・黒倉寿編『海の食料資源の科学』勉誠出版

Benjamin S. Halpern *et.al.* 2019, Recent pace of change in human impact on the world's ocean, Scientific Reports, natureresearch, Scientific Reports (nature.com).

MORISHITA, Joji 2020, Marine Protected Areas: Can Japanese Small-Scale Fisheries Coexist with Conservation? In: Li, Y & Namikawa, T. (Eds.) In the Era of Big Change: Essays about Japanese Small-Sca Fisheries TBTI Global Publication Series, 42. St. John's.

5 深海底の鉱物資源開発と国際海底機構（ＩＳＡ）の役割

岡本信行
藤井麻衣

世界の産業を支える鉱物資源

鉱物資源は、ビル等の建造物、橋梁、パソコン、自動車・鉄道、スマホ、家電、発電設備等、人類の生活に関わるあらゆる分野や産業を支える重要かつ不可欠なもので、ベースメタルと呼ばれる産業の基礎素材となる鉄、アルミニウム、銅、鉛、亜鉛の他、使用量は少ないがベースメタルに添加することにより高度な機能を発揮するレアアースを含むレアメタル、さらには金、銀に代表される貴金属等に分類される。現在、これらの鉱物資源は、世界の陸上鉱山から鉱石として採掘され、金属の質を高めるために選鉱及び製錬・精製工程を経て、地金や金属加工品として市場に展開されている。しかし、近年では、資源ナショナリズムの台頭、開発対象の奥地下・深部化・低品位化、環境規制の強化等、開発環境は益々厳しいものとなっている。

こうした中で、海底鉱物資源は、地球上に残された最後のフロンティアといわれる。世界の海底には、銅・鉛・亜鉛・金・銀などを含む海底熱水鉱床、マンガン・銅・ニッケル・コバルトなどを含むマンガン団塊、コバルト、ニッケルに加え白金を含むコバルトリッチクラストなどの海底鉱物資源の

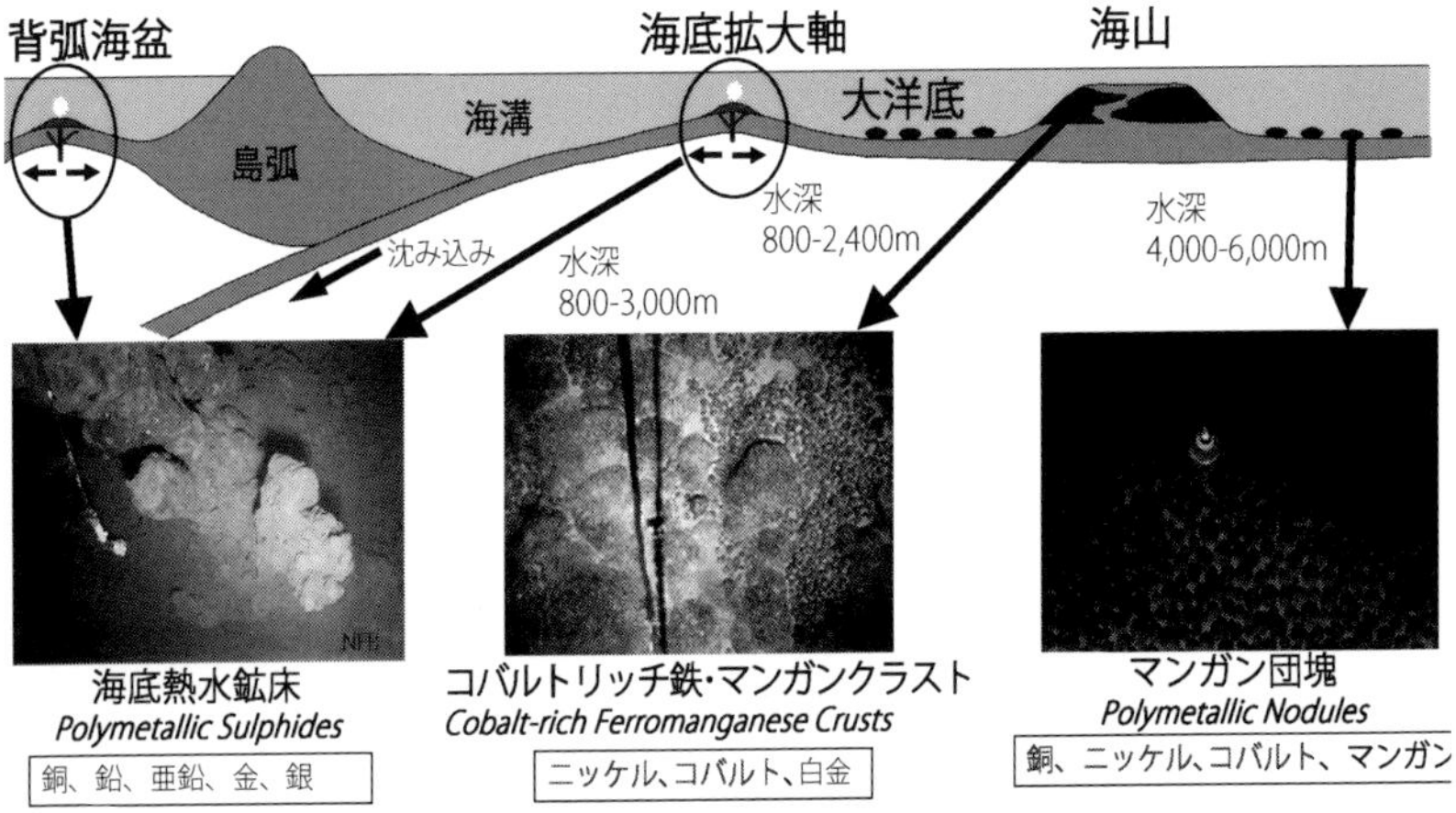

図：主な海底鉱物資源の分布と想定される回収対象金属（出典：独立行政法人石油天然ガス・金属鉱物資源機構（JOGMEC）資料）

存在が確認されている。マンガン団塊は、直径一〇センチメートル程度の黒色のジャガイモ状を呈し、水深四〇〇〇～六〇〇〇メートルの大洋底（主にハワイ沖やインド洋の国家管轄権外の海底）の軟弱な深海堆積物に半埋没する形で分布している。海底熱水鉱床は、海底拡大軸や背弧海盆（大西洋中央海嶺、インド洋中央海嶺、東太平洋海膨張、島弧―海溝系の国家管轄権外の海底や日本の排他的経済水域など）において、海水が海底下に浸透する過程でマグマと接触し、有用金属を溶かし込んで熱水として海底面から噴出・急冷する際に、溶け込んでいる重金属が沈殿して生成したものである。コバルトリッチクラストは、主に太平洋上に分布する海山の山頂から斜面の表面に、厚さ一〇センチメートル程度に道路のアスファルト状に生成したものでマンガン団塊同様に黒色を呈するもので、コバルトの品位がマンガン団塊に比べて三から五倍高いことが名称の由来にもなっている。こうした海洋鉱物資源には、将来需要拡大が見込まれる銅・鉛・亜鉛などのベースメタルや電気自動車のモーターや二次電池などに使用されているニッケル・コバルトなどのレアメタルが含まれる。

二〇一五年に採択されたパリ協定以降、世界中で脱炭素に向けた動きが加速している。日本政府は、二〇五〇年までに温室効果ガス（ＧＨＧ）の排出を実質ゼロ（ＧＨＧ排出削減量と吸収源への吸収量の二つを合わせて正味ゼロということ）を目標に掲げている。このようなカーボンニュートラル実現のためには、再生可能エネルギーの普及や輸送・産業部門の電化・電動化などが不可欠であることから、鉱物資源の需要の一層の拡大が見込まれる。一般的に、太陽光発電所や風力発電所、電気自動車は、化石燃料を使用する場合に比べて、多くの鉱物資源を必要とするといわれている。こうした状況変化を受けて、米国では二〇一〇年以降資源確保のためのさまざまな戦略が策定され、特に二〇一七年には大統領令として重要鉱物として、「クリティカル・ミネラルズ」に関する連邦戦略が策定された。また、豪州ＮＳＷ州では二〇二一年一二月「クリティカル・ミネラルズ及びハイテク戦略」が策定され、欧州においても「Raw materials（原材料）」の確保戦略が策定された。日本政府でも、前述のカーボンニュートラル社会に向けた政策に加え、二〇二二年には経済安全保障の観点から、例えば、電気自動車（ＥＶ）の製造に不可欠な部品であるワイヤーハーネス、バッテリー、駆動モーターには、銅、リチウム、ニッケル、コバルト、レアアース（ネオジム等）が使用され、試算としてＥＶ一〇〇万台を製造するためには、リチウム、コバルトの現在の日本国内需要量と同程度の資源量が必要であると指摘されている。また、銅に限定した場合、従来車では一台当たり二三キログラムであった使用量がＥＶでは八三キログラム使用されることからも、ＥＶの需要拡大による鉱物資源の爆発的な需要が見込まれることは疑う余地のないところである。

国際エネルギー機関（ＩＥＡ）は、鉱物の供給が拡大する需要に追い付かなければ、脱炭素化実現の大きな障害となる可能性を指摘している（International Energy Agency 2021）。

海底鉱物資源開発に向けて

実際に深海底で鉱物資源開発を行う場合、どのようなプロセスが必要で、どのようなところに困難があるだろうか。まず、海底で鉱石を掘り（採鉱または集鉱）、海上に鉱石を引き上げ（揚鉱）、鉱石に含まれている金属成分を分離して取り出す（選鉱・製錬）というプロセスを経る。

この中で、選鉱・製錬プロセスは、比較的、陸上鉱山からの鉱石処理と類似の技術を応用できるが、海底から海面上まで揚げるまでの技術は、これまで開発事例もなく既存の陸上での鉱山技術が適用できないことが課題であった。

これまで海洋鉱物資源開発が進まなかった訳ではなく、一九七〇年代には欧米系のコンソーシアムによる集鉱・揚鉱実験が行われた。

このため、世界各地で陸上での鉱山開発が行われているのに対して、海底の鉱物資源開発事例はない（アフリカ・ナミビア沿岸の水深一六〇～二〇〇メートルの浅海域でのダイヤモンド採掘事業が商業化されているに過ぎない）。なぜかというと、第一に、上記プロセスの各段階における技術が未確立である。第二に、掘削作業が海底下で行われるため、船舶を含めた初期コストが数十億ドルかかるといわれており、正確な経済性を判断するのが簡単ではないためである。開発に向けての初期の段階の探査でも、数千メートルの水圧に耐えうる探査機を活用するなど多くの初期投資が必要となる。また、採掘や揚鉱といった生産設備にも多くのコストが必要とされる。

ただ、今日では、陸の銅鉱石には〇・四％程度しか銅が含まれないのに対して海底熱水鉱床ではこれを超える高い品位のものが発見されているなど、陸上の鉱物資源に比べて、海底の鉱物資源は高品位のものが存在する可能性が高いことが推定されている。前節で述べたように希少金属への需要が高まっていることなども背景に、海底鉱物資源開発への期待は高まっている。将来的には、技術開発が進んで正確な開発コストが見積もられよう。

現状、深海底では、探査活動を行っている国立研究機関や民間企業等はいるものの、開発（採掘）段階に至っている者は存在しない。

一方、日本近海には海底熱水鉱床やコバルトリッチクラストをはじめとした海底鉱物資源が確認されている。これらの資源の開発を目指して、日本政府は「海洋基本計画」の下、商業化までのロードマップとして、「海洋エネルギー・鉱物資源開発計画」を策定し、独立行政法人石油天然ガス・金属鉱物資源機構（ＪＯＧＭＥＣ）を中心に開発に向けて、資源量評価、採鉱・揚鉱技術、選鉱・製錬技術及び環境影響評価について、それぞれ併行して取り組みを行っている。

深海底制度と国際海底機構の役割

深海底制度

海の憲法といわれる国連海洋法条約（ＵＮＣＬＯＳ）では、海底のうち、いずれの国の管轄権も及ばない区域（各国の大陸棚の外側）の海底及びその下を、「深海底（the Area）」と定義する。深海底及びその資源は「人類の共同の財産」であるとされ（第一三六条）、ＵＮＣＬＯＳの第一一部および第一一部実施協定が適用される。単一の文書として解釈・適用されるこの第一一部および第一一部実施協定を本稿では深海底制度と呼ぶ（両者に矛盾がある場合は実施協定が優先される）。林（二〇一六）によると、深海底制度には以下の基本原則がある。

①深海底およびその資源は人類の共同財産である（一三六条）
②いずれの国も深海底またはその資源に対し主権・主権的権利を主張してはならず、いずれの国、個人・法人による専有も禁止される（一三七条一項）
③深海底の資源に対するすべての権利は人類全体に付与され、ＩＳＡは人類全体のために行動する。採掘した鉱物はＵＮＣＬＯＳ及びＩＳＡの規則・手続きにしたがってのみ譲渡可能（同二項）
④深海底に関する国の一般的行為は、平和・安全の維持および国際協力・相互理解の促進のため、ＵＮＣＬＯＳ、国連憲章の原則および国際法にしたがう（一三八条）

⑤深海底活動は人類全体の利益のために行う（一四〇条一項）
⑥深海底はすべての国による平和的目的利用のために開放される（一四一条）
⑦深海底における科学的調査は平和的目的のため、かつ、人類全体の利益のために実施する（一四三条一項）
⑧深海底活動により生ずる有害な影響から海洋環境を保護するため必要な措置をとる（一四五条一項）
⑨深海底活動は、海洋における他の活動に対して合理的な考慮を払いつつ行う（一四七条一項）
⑩深海底活動への開発途上国の参加を、途上国の特別の利益やニーズに妥当な考慮を払い、促進する（一四八条）

ここで「深海底活動」は、人類の共同財産たる深海底における鉱物資源の探査及び開発のすべての活動をさす。これらの諸原則に基づき、深海底活動を組織・管理する権限を与えられた組織として設立されたのが、「国際海底機構（ＩＳＡ）」である。

ＵＮＣＬＯＳ第一五六条に基づき、一九九四年に発足、一九九六年に運用が開始されたＩＳＡは、総会、理事会、法律・技術委員会（ＬＴＣ）、財政委員会、事務局から構成される。総会は全締約国で構成され、一般的な政策を決定する権限を与えられている。総会で選出された三六か国の代表から成る理事会は、執行機関として具体的な方針を定め、探査・開発の申請の承認や探査・開発のための規則や指針等を採択する権限を持つ。ＬＴＣは理事会の諮問機関であり、申請者の業務計画の承認の可否や、規則案・指針案について理事会に勧告を行う役割がある。ＬＴＣおよび財務事項を扱う財政委員会は、締約国によって指名された専門家で構成される。

ＩＳＡの最も重要な仕事の一つは、深海底活動のための「マイニングコード」（深海底における鉱物資源の概要調査、探査、開発を規制するために、締約国・契約者が遵守すべき規則・ガイダンス類の総称）の策定である。これまでに、ＩＳＡは、深海底鉱物資源の概要調査・探査規則を採択している（マンガン団塊：二〇〇〇年採択、海底熱水鉱床：二〇一〇年採択、コバルトリッチクラスト：二〇一二年採択）。二〇一四年からは、上記三つの鉱物すべてに適用される「深海底鉱物資源に関する開発規則」（開発規則）採択に向けた検討を行っている。当初、ＩＳＡのマイケル・ロッジ事務局長は二〇二〇年までの開発規則採択を公約に掲げて議論を牽引していたが、新型コロナ感染症の感染拡大により、それは後ろ倒しとなっている（二〇二三年七月現在では、二〇二三年七月の採択を目標にしている）。

ＢＢＮＪ交渉の主要論点とＩＳＡの活動

本書第三部に詳述されている通り、二〇二二年現在、国連では「国家管轄権を超える区域の海洋生物多様性の保全及び持続可能な利用に関する国連海洋法条約の下の国際的な法的拘束力のある文書の作成」を求める総会決議（A/RES/69/292）に基づき、政府間会議（ＩＧＣ）において各国政府による交渉が続いている。この新たな文書（便宜上、以下ＢＢＮＪ新協定という）の対象となる地理的範囲は、上記で明示されている通り「国家管轄権外区域」すなわち「公海および深海底」（ＢＢＮＪ新協定案第一条、A/CONF.232/2020/3）であり、ＩＳＡが鉱物資源開発活動を規制する対象範囲である深海底が含まれる。

ＢＢＮＪ交渉の四つの重要要素たる①海洋遺伝資源（利益配分の問題を含む）、②区域型管理ツール（海洋保護区を含む）、③環境影響評価、④能力構築・海洋技術移転は、どれも、深海底制度やＩＳＡの活動にも密接な関わりを持つ。

ＢＢＮＪ新協定の交渉において海洋遺伝資源が人類の共同財産であるか否かが大きな論点となっているのに対し、深海底の鉱物資源が人類の共同財産であるということはＵＮＣＬＯＳ第一三六条および「資源とは固体状、液体状または気体状の鉱物資源」であると定める第一三三条から明らかであり、争う余地はない。すなわち、深海底やその鉱物資源に対する主権の主張や占有は否定され（一三七条一項）、深海底鉱物資源に対する権利は人類全体に付与され（同条二項）、深海底における鉱物資源の探査・開発等の活動は人類全体の利益のために行われねばならず（第一四〇条一項）、ＩＳＡは、その財政的・その他の経済的利益を衡平に配分しなければならない（同条二項）。利益配分の方法については、開発規則採択を見据えて検討が始まっており、二〇二一年、ＩＳＡの財政委員会が本トピックに関して初となる包括的な報告書を公表した。この報告書では、金銭的・非金銭的利益の衡平な配分のために可能な様式を包括的に分析した上で、金銭的利益の直接配分の代替または補助的手段として、また世代間の衡平性にも取り組むメカニズムとして、世界基金（海底持続性基金）の設立が提案された（ISBA/26/A/24-ISBA/26/C/39）。この基金は、開発規則案の下で議論されている環境損害の補償基金（環境補償基金）とは別に、深海底に関わる科学的知見の強化や途上国の能力構築のために用いられることが想定されている。

ＩＳＡの能力構築は、途上国への技術移転の促進・奨励（条約第一四四、二七三、二七四条）だけでなく、深海底活動への参加機会の拡大も目的としている（第一四八条）。ＩＳＡにおける途上国の能力構築の重要性は現行（二〇一九―二〇二三年）の戦略計画（ISBA/24/A/10, Annex）やハイレベル行動計画においても、能力構築・技術移転の重要性として強調されている。ＩＳＡは、すべての正当な利益（特に、技術の所有者、提供者及び受領者の権利及び義務を含む）に従うことを条件として、能力構築と技術移転の措置が効果的に開発、実施されることを確保しなければならない。また、ＩＳＡは、それらが、途上国参加型の透明性あるプロセスを通じて特定されたニーズを反映したものであることを指向している。二〇二〇年にＩＳＡが実施した調査では、現時点で深海底活動の保証国となっていない国のうち八九％が、将来的に当該活動を実施する意欲があり、そのための能力構築を希望する旨回答した（International Energy Agency 2021）。これらを踏まえ、二〇二〇年一二月、ＩＳＡ総会において能力構築に関する決定（ISBA/26/A/18）が採択され、能力構築のための戦略の策定・実施や、財政支援のための追加的な資金動員が検討されることとなった。

海洋環境や海洋生物多様性の保護及び保全も、ＩＳＡとＢＢＮＪ新協定の交渉、両者で議論されている主要トピックの一つである。ＩＳＡは深海底活動から生じ得る有害な影響から海洋環境を保護するために必要な措置をとる義務を負っている（ＵＮＣＬＯＳ第一・五条）。さらに、ＵＮＣＬＯＳの第一一部実施協定の附属書では、海洋環境保護・保全のための基準を盛り込んだ規則・ルール・手続きの策定が求められている（一・五項（g）・（k））。国連総会が毎年採択する「海洋法と海洋」に関する総会決議は、毎回「（国や権限ある国際機関が）海洋生物多様性のリスク管理を統合し改善する方法を緊急に検討する必要性」に言及しており（例えば A/RES/76/72 第二六七段落）、これにはＩＳＡも含まれる。

これらを踏まえ、二〇〇一年には、マンガン団塊の探査活動に対して適用される契約者向けの環境影響評価の指針（ISBA/7/LTC/1/Rev.1）が公表された。この指針はその後、二〇一三年に三つの探査規則を扱う包括的な環境指針になり、二〇一九年にはその改訂版が採択された（ISBA/25/LTC/6/Rev.2）。指針には、事業者が策定する探査のための業務計画において、自然環境の状態（環境ベースライン）の調査の確立、深海底活動の海洋環境への影響を監視・評価する手法や、環境データの提供、探査活動によって環境に深刻な影響が生じないことを証明する手続きの確立、などを含めることを求めている。

さらにＩＳＡは、二〇一二年、初となる地域環境管理計画（ＲＥＭＰ：Regional Environment Management Plan）を策定した（ISBA/18/C/22）。ＲＥＭＰの目的は、ＩＳＡの諸機関、契約者、保証国に対して、資源開発と保全のバランスを考慮した、情報に基づく意思決定を支援するためのプロアクティブな区域型管理ツールを提供することである（ISBA/24/C/3）。これに基づき、東太平洋のクラリオン‐クリッパートン断裂帯（ＣＣＺ）を対象とし、探査や開発を行うことができない九つの特別環境保護区域（ＡＰＥＩ：Areas of Particular Environmental Interest）が指定された。二〇二一年一二月には、上記ＡＰＥＩネットワーク全体の実効性と接続性を高めるため追加的に四つのＡＰＥＩが指定され、保護対象地域の総面積は一九七万平方キロメートルとなった（ISBA/26/C/58）。また、北部大西洋中央海嶺（northern Mid-Atlantic Ridge）のＲＥＭＰの開発については、二〇二二年四月にＩＳＡホームページでパブリックコメントが行われるなど、その原案が公表された。また他の海域におけるＲＥＭＰの開発策定のための検討も進んでいる。このようなＲＥＭＰやＡＰＥＩネットワークは、国家管轄権外区域の生物多様性の効果的な保全に貢献する。ＲＥＭＰの実施に関する情報は、海洋と海洋法に関する決議や、国際的な法的拘束力を持つ国連条約に基づく文書の作成に関連して、国連総会に定期的に提供されている

（二〇一八年ＩＳＡは国連総会議場にもオブザーバー資格を取得）。生物多様性条約（ＣＢＤ）へも、ＣＢＤの下の「生物多様性の観点から重要度の高い海域（ＥＢＳＡ）」に関するワークショップ等へのＩＳＡからの参加やサブミッション（提案文書）などを通じて情報共有されている。

今後の展望

ＣＯＶＩＤ－１９の世界的流行が始まって二年超が経過した二〇二二年三月、コロナ禍で約二年にわたり延期されていた四回目のＩＧＣ（ＩＧＣ４）が開催された。同月、ＩＳＡが本部を置くジャマイカ・キングストンではＩＳＡ第二七会期の第一部（理事会）が開催され、開発規制案や基準・ガイドライン案を中心に議論が行われた。前者はＢＢＮＪ新協定、後者は開発規則等の採択に向け、今後も引き続き交渉継続の見込みである。

ＢＢＮＪ新協定の交渉に対し、深海底の法制度やＩＳＡにおける議論からいかなるインプリケーション（含意）があり得るか。深海底制度は、人類の共同財産概念を軸として、人類全体の利益のために、特定の国が深海底鉱物資源を独占しないよう、深海底活動に関する権限を国際的に管理し、その利益を衡平に配分するための制度である。それら深海底制度の諸原則は、ＵＮＣＬＯＳ第一一部および一一部実施協定に規定され、かつ、ＩＳＡ 自身が定めるルール及び規則によって具体化・実施されてきた。この点、ＢＢＮＪ新協定においても、人類の共同財産概念が中心に据えられることになれば、ＵＮＣＬＯＳの法的枠組みの下でのグローバル・コモンズの国際的な管理の先例として、深海底制度やＩＳＡのこれまでの歩みが参考になる。

他方で、国連総会は、ＩＧＣの任務を「ＵＮＣＬＯＳに基づく国際的な法的拘束力のある文書」の検討であると規定しており、ＩＧＣの作業と成果はＵＮＣＬＯＳの規定と完全に一致すべきことを再確認し、ＢＢＮＪ新協定は「既存の関連法的文書・枠組み及び世界、地域、分野毎の関連機関を弱体化させるものであってはならない」と要請している（総会決議七二／二四九）。海洋と海洋法に関する国連総会決議においても、毎年、「条約の普遍的かつ統一的な性格を強調」するとともに、ＵＮＣＬＯＳは海洋と海洋における あらゆる活動の実施に関する法的枠組みを定めており、海洋分野における国内、地域、世界的な行動と協力の基礎として戦略的に重要であり、その完全性を維持する必要があると再確認」している。

ＩＳＡのロッジ事務局長は、ＩＧＣにおけるステートメントにおいて、第一一部実施協定とＵＮＣＬＯＳの相互関係が明示的に認識されるよう、新協定の条文において第一一部実施協定に言及することを提案している。さらに、ＢＢＮＪ新協定は単独の協定ではなく、ＵＮＣＬＯＳの特定条文の実施のための協定であるとして、ＵＮＣＬＯＳの統一的かつ普遍的な性格を維持することが最も重要との立場を表明している（International Seabed Authority 2022）。ＵＮＣＬＯＳ第一一部と第一一部実施協定、そしてそれに基づきＩＳＡで策定・実施されている規則や基準は、人類の共同財産概念を軸に、長年にわたって発展してきた。今後、ＢＢＮＪ新協定が採択されるとすれば、新協定と深海底制度は相互補完的でかつ重複のない制度となることが重要である。

海洋資源の保全と持続可能な利用における国際協力の促進のため、ＩＳＡはさまざまな地域機関や国際機関との間にパートナーシップを構築している。そのようなパートナーには生物多様性条約（Ｃ

ＢＤ）、国際海事機関（ＩＭＯ）、ユネスコ政府間海洋学委員会（ＩＯＣ－ＵＮＥＳＣＯ）などが含まれ、将来的にＢＢＮＪ新協定が採択・発効した場合には、新協定との連携も進められるであろう。

おわりに

深海底の鉱物資源開発を巡っては、（深海底の海洋環境の）保護か開発かの二項対立の中で、両者の最適なバランスのとり方が模索されてきた。近年は、気候変動などの地球規模課題への対応や「持続可能な開発目標（ＳＤＧｓ）」達成に向けた取り組みなども求められ、海洋環境の保護・保全に加えて、地球全体の持続可能性をも見据えた議論がなされるようになってきている。

最適なバランスの模索において、ＩＳＡは、非国家主体のステークホルダーに対する情報提供やＩＳＡにおける議論への積極的関与にも注力してきた。ＩＳＡでは、現在、三二の非政府・非国連の組織・団体（国際ケーブル保護委員会などの民間セクター、大学等の研究機関、環境ＮＧＯなどを含む）が「ＮＧＯｓ」枠でオブザーバー資格を取得している。オブザーバーになると、議決権はないものの、ＩＳＡの会議に出席したり、議場で発言したりすることができる。近年、ＩＳＡにおいても、ＩＧＣや環境条約の締約国会議と同様、そのようなオブザーバー団体の存在感が増している。とりわけ、環境ＮＧＯは、「海洋生物多様性に不可逆的な悪影響を及ぼすリスクがある」（グリーンピースインターナショナル）といった懸念から深海底における鉱物資源開発そのものに強い警戒感を示しており、開発規則案の議論においても、開発に対して懸念の声をあげる団体も少なくない。探査・開発をになう契約者や開発申請者の声だけでなく、環境ＮＧＯや学術機関の声も掬い上げながらのルールづくりが進められている。ただし、資源開発は、あくまで経済合理性の上で成り立つもので、さまざまな利害関係者との協議を経て、事業として成り立つ前提で、双方が合意できる条件を見いだすことが求められる。

この点、パリ協定と同年である二〇一五年に採択された持続可能な開発目標（ＳＤＧｓ）は、そのような動きを加速させている。ＳＤＧｓは、その前身たるミレニアム開発目標（ＭＤＧｓ）が開発途上国を主な対象とし貧困削減と社会開発に関する目標が主であったのに対し、全世界共通の目標であり、社会・経済的課題に加えて、気候変動や森林・海洋などの環境側面の目標を複数含み、持続可能性概念を中心に据えた、より包摂的な枠組みである。ＳＤＧｓの登場と普及によって、いまや組織が世界の持続可能性にいかに貢献できるかをステークホルダーに示すことは当たり前のことになりつつある。世界中でＳＤＧｓ達成に向けた取り組みが推進される中、ＩＳＡにおいても、その戦略計画及びハイレベル行動計画（二〇一九―二〇二三年）において「ＳＤＧｓ、特にＳＤＧ１４（海洋・海洋資源の保全と持続的利用）の適時かつ実効性ある達成に貢献する」ことが目標に掲げられた（ISBA/25/A/15）（International Seabed Authority 2019）。ＩＳＡが二〇二一年に公表した報告書は、ＩＳＡのマンデートに関わりの深いゴールとして、ＳＤＧ１４に加えて九のゴール（ＳＤＧ１（貧困撲滅）、ＳＤＧ８（労働と経済成長）、ＳＤＧ１０（不平等の是正）、ＳＤＧ１２（持続可能な消費と生産）、ＳＤＧ１３（気候変動への対応）、ＳＤＧ１５（陸上生態系の保全・持続可能な利用）、ＳＤＧ１６（平和と公正）、ＳＤＧ１７（パートナーシップ））を特定し、ＳＤＧｓに対するＩＳＡの貢献は、海底鉱物資源の無制限な開発を阻止し海洋環境の効果的な保護と利益の衡平な配分を確保すること、すなわちマイニングコードを整備することで遂行されると述べている。急速に増加する世界の鉱物需要を満たすための道を進む過程では、さまざまな社会・環境・経済的影響が生じ得る。深海底鉱物資源開発に係る国際ルールがＩＳＡの下で慎重に設計され、探査・開発の両段階で確実に適用・実施されるのであれば、そうやって採掘された鉱物資源は、深海底活動によるトレードオフを緩和・抑止するはずである。

そもそも、従前の鉱物資源の供給・投資計画は、脱炭素社会への移行を想定して策定されていなかったが、いまや、ＳＤＧｓや世界各国のカーボンニュートラル宣言を受け、日本企業を含む世界の鉱山企業が、脱炭素やその他の環境・社会問題解決への積極関与へと方針を転換している。鉱物資源の供給・投資に関する具体的行動がどう変わるか、今後の動向に注目したい。「信頼性と持続可能な供給を巡る課題に政策立案者・企業がどのように対処するかによって、重要鉱物がクリーンエネルギーへの移行のために不可欠な要素（enabler）になるか、それともボトルネックになるかが決まる」のである（International Energy Agency 2021）。

参考文献

林司宣　二〇一六「深海底」林司宣・島田征夫・古賀衞『国際海洋法（第二版）』有信堂光文社

International Energy Agency 2021, The Role of Critical Minerals in Clean Energy Transitions. (https://www.iea.org/reports/the-role-of-critical-minerals-in-clean-energy-transitions).

International Seabed Authority 2019, Assembly Twenty-fifth session: Decision of the Assembly of the International Seabed Authority relating to the strategic plan of the Authority for the period 2019-2023

(ISBA/25/A/15). (https://isa.org.jm/files/files/documents/25a-15-e.pdf).
International Seabed Authority 2022, Statement(Statement at the IGC-4), 18 March 2022, Conference (https://www.un.org/bbnj/sites/www.un.org.bbnj/files/bbnj_igc_4_agenda_item_5_general_exchange_of_views_150322_isa.pdf).

コラム●北極の現状と中央北極海における公海水域の未来

幡谷咲子

はじめに

北極は世界全体の三倍の速さで温暖化し、海氷、陸氷（氷河と氷床）、永久凍土、積雪、及びその他の北極環境における物理的様相と特徴に急速かつ広範な変化を生じさせてきた。大西洋と太平洋から北極海に流入する海水の水温上昇と海氷の減少がもたらす影響の増加は、亜寒帯の魚類や海洋哺乳類の種の北方への拡大と関連していると言われている。現に筆者が二〇二二年四月にアラスカで参加した「The Arctic Encounter Symposium」においても、Kenneth Høegh在米グリーンランド常駐代表から「グリーンランドにおける漁業は新たな方向に向かっており、新しい魚種がグリーンランド周辺海域に到達している」という発言があった。こうした北極周辺における急速な環境の変化は、北極海航路の実用化や北極海の資源開発にもつながり、国際社会による北極への関心が急速に高まった背景となっている。また、北極海には、地中海とほぼ同じ大きさの約二八〇万平方キロにおよぶ公海が、北極点を内包し存在する。

北極評議会

北極に関する共通の諸課題について、国家間で協力や調整と交流を促進する手段を提供するための高級実務者レベルのフォーラムとして「北極評議会（AC：Arctic Council）」がある。一九八〇年代に、地球温暖化により北極の氷が融け始めているとの指摘が科学者から唱えられ、海氷の観測が積極的に行われるようになった。観測データによると、平均気温上昇に伴い、北極の海氷は融けて縮小し続けており、このままのペースでは、二〇五〇年には北極の氷が五〇％以上も減少するとのデータも示されている。カナダ政府が、北極における国際協力の組織化に関する意見を公式に表明したのは、一九八九年一一月のことであった。レーニングラードを訪れたカナダのブライアン・マルルーニー首相（当時）が、「北極評議会」の設立に言及したのである。その提案を具体化するためのカナダ北極評議委員会による一九九一年の原案を経て、国際法学者Donat Pharandが起草した北極地域評議会設立のための条約案を掲載した報告書が、カナダ国際問題研究所より刊行された。しかし、カナダによる国際機構たる北極地域評議会の設立案は、米国の強い反対に遭い実現しなかった。北極評議会設立の構想が議論され始めた一九八〇年代は、米国は、ソ連との冷戦関係にあり、北極におけるソ連との協力体制の構築よりも、ソ連からの安全保障上の脅威の回避に外交の主軸を置いていたからである。

図：北極圏の地図（北緯66度33分以北の地域のことを「北極圏」と呼ぶ。北極海沿岸には，カナダ，米国，デンマーク，ノルウェー，ロシアの5か国があり、これらを「北極海沿岸国」と呼ぶ。また、フィンランド，アイスランド，スウェーデンを加えた8か国のことを「北極圏国」と呼ぶ（https://www.mofa.go.jp/mofaj/press/pr/wakaru/topics/vol107/index.html）

このような経緯から、米国を含む北極圏の八か国、すなわちカナダ、デンマーク、フィンランド、アイスランド、ノルウエー、ロシア、スウェーデンが、設立に合意した北極評議会は、「法人格を有さないフォーラムであり、国際法で理解されるところの『国際機構』ではないもの」であり、北極の諸課題に関して検討と協力の機会を提供する「ハイレベル・フォーラム」として、法的拘束力のない設立文書である「オタワ宣言」に基づき設立された。加えて、米国の主張を取り入れ、北極評議会は全加盟国のコンセンサスでのみ活動が可能である。すなわち、加盟国が合意していない政策をそのメンバー国に課したり、ある加盟国にとり優先度が低いプロジェクトや活動への参加や資金的拠出を当該国に要求することはできない。全ての加盟国は、北極評議会により、その国益に基づき行動する権限を一切制限されることはないという原則のもと運用されている。

また、評議会の機能は、四つの分野別の作業部会（北極監視評価計画作業部会：ＡＭＡＰ、北極動植物相保全作業部会：ＣＡＦＦ、北極圏海洋環境保護作業部会：ＰＡＭＥ、そして緊急事態回避、準備及び反応作業部会：ＥＰＰＲ）の活動を監視し調整すること、北極の共通課題に関する協力、調整、及び交流の手段の提供に加えて、持続可能な発展に関する計画を採択しその計画を監督し調整すること等、である。さらに、ＡＣの特徴は、イヌイット極域評議会やサーミ評議会などの北極先住民団体に「常時参加者」の地位を付与し、これらの代表は意思決定権を持たないが、ＡＣに参加し協議に参画する権利を有している点にある。

また、ＡＣの作業に貢献できると認定された非北極圏国及び政府間組織、非政府間組織は、オブザーバーとして会議に参加できる。日本は、北極の気候変動による影響を受けやすい地理的位置にあり、かつアジアにおいて最も北極海に近く、その航路の利活用や資源開発などの経済的・商業的な機会を享受し得る立場にある。このような状況を踏まえて、北極政策を我が国の重要な政策課題と位置づけ、二〇一五年一〇月に日本として初めての包括的な北極政策を決定した。そして、二〇一八年五月に策定された「第三期海洋基本計画」では、北極政策が初めて主要施策として位置づけられた。そして、日本は二〇一三年五月にＡＣオブザーバー資格を取得して以降、評議会における議論に積極的に参加・貢献をしている。

中央北極海における資源保全の取り組み

北極評議会は、環境保護に向けた研究を作業部会が中心となり積極的に行っている。具体的には、CAFFやPAMEがまとめた「北極保護区のための指標レポート」等が挙げられる。当該レポートによると、現在、二〇一六年には北極圏の陸域の二〇・二%、海域の四・七%が保護されており、二〇二〇年までに陸域及び内陸水域の一七%以上を保護することを目標としている。

また、前述のように中央北極海には公海が存在しているが、これまでは一年を通じて公海水域の大部分を氷に覆われていたため、漁業や科学的調査が困難であった。しかし、近年の地球温暖化の影響により、この水域における氷の範囲が徐々に減少しており、中央北極海での漁業が現実味を帯びている。そのため、予防的な観点から、中央北極海の公海水域における無規制の商業漁業を禁止し、漁業の保存及び管理、その持続可能な利用を目的として「中央北極海における無規制の公海漁業を防止するための協定」が二〇一八年に採択された。

このように、徐々に北極海、特に中央北極海で生物（魚類）資源の保全の取り組みが進む一方で、国家の管轄権を超える区域の海洋生物多様性（BBNJ）の保全及び持続可能な利用に関する新しい法的拘束力ある文書の交渉のプロセスでは、北極の公海水域の取り扱いについては、これまで必ずしも明確に示されていない。今のところ、中央北極海の国家管轄権を超える領域では、生物多様性に影響を与える人間活動は事実上行われておらず、先行研究では近い将来この海域がBBNJ交渉の対象とはならないであろうとの指摘がなされている。

おわりに

ただ、中長期的にこの海域での漁業の可能性は排除できない。現在、北極域の海洋生態系が国の管轄外にも存在し、かつＢＢＮＪ協定の交渉に想定以上に時間がかかっていることから不確実性も高い。今後、北極の生物多様性の保全や持続可能な利用及び遺伝資源の利用から生じる利益の公正かつ衡平な配分に関しても、新ＢＢＮＪ協定の検討の範疇として取り扱う必要が生じるかもしれない。また、協定の適用外の水域における違法漁業に関して、各国で協力し対処法を模索していく必要があることは言うまでもない。継続して当該水域における科学的調査を積極的に進め、生物多様性等の現状についてデータを蓄積し、よりよい科学に基づき将来の意思決定を行うことが重要である。このような海洋科学調査を行うには、北極評議会のワーキンググループや北極国だけでは、資金や調査能力に限界があるため、日本を含む非北極圏の国々による関与は極めて重要である。

第３部

海洋生物多様性を守るために

―― 国連におけるＢＢＮＪ交渉

1　国連におけるＢＢＮＪ交渉の展開

西本健太郎

多数国間条約の作成までの長い道のり

地球規模の課題に対処するためには、世界の国々が協調して一致した対応をとる必要がある。多くの国が参加する条約を作成し、各国が従わなければならない国際法の規則・基準を定めることは、そのための効果的な手段である。地球環境の保護については既に多くの条約が存在しており、生物多様性条約や国連気候変動枠組条約のように世界のほとんどの国が当事国となっているものもある。しかし、様々な社会的・経済的・文化的背景を有する百九十数カ国の間で一つのことに合意することは容易ではなく、世界の大半の国が参加する多数国間条約の作成までは長い道のりがあるのが通常である。

条約の作成を通じて一つの問題に対処するために極めて長い時間が必要となる一因に、その必要性についての合意が得られるまでにもハードルが存在することがある。条約の作成といえば、その内容をめぐる条約交渉が注目されがちであるが、条約作成の決定に至るまでにも様々な議論・交渉が行われる。国家管轄権外区域の海洋生物多様性（ＢＢＮＪ）のように新たに認識されるに至った問題について条約を作成する機運が生まれるためには、まず問題が理解され、国際的な対応の必要性が各国で共有されなければならない。その上で、既存の条約や国際組織の下での取組みでは足りず、新たに条約の作成を必要とするほどの重要性を持つとの認識が広がってはじめて、条約作成の合意に至ることが可能となるのである。

このように条約作成についての合意に至る過程では、そのための議論をどのような枠組みの下で行うのか、そして条約交渉の対象となる問題をどのように定式化するかも重要な論点となる。国内では国会が一定の手続きに従って法律を制定するのに対して、条約の作成について定まった方式はない。多くの多数国間条約は国連の主導の下で作成されているが、既存の条約の締約国会議や国連の専門機関をはじめとする国際組織で条約作成のための議論が行われる場合もある。また、対処すべき問題のどのような側面に着目してどのような形式の規則・基準を作成するのかについても、様々な可能性が存在しうる。特に、対処すべき問題をどのように捉えるかは、その後の条約交渉の土台を作ることになるため、それ自体として慎重な交渉が必要となる場合がある。

このようなハードルを乗り越えて条約の作成が決定されてはじめて、異なる利害関係を有する国家の間で妥協を図り、最終的に一つの条約文に合意するという、一般的に条約交渉という言葉から想像される作業がようやく開始する。この段階でも、各国がそれぞれの立場を理解し、特に各国の利害が対立している問題について実質的な妥協に至るためには、長期にわたる交渉が必要となる場合が少なくない。そもそも多数の国家が参加する外交会議では、一つの事項について各国が順に発言するだけでも相応の時間が必要となり、議論が効率的に進展することは期待できない。その一方で、条約が外交会議で採択された後、各国が条約を批准してこれに拘束されることを選ぶかはあくまでもそれぞれ

表１　BBNJ 交渉に関する主なできごと

1995 年 11 月	ジャカルタ・マンデートの採択（CBD COP 決定 II/10）
2002 年 9 月	「持続可能な発展に関する世界サミット」でのヨハネスブルク実施計画の採択
2003 年 2 月	生物多様性条約事務局による報告書「深海底の遺伝資源の保全と持続可能な利用に関する国連海洋法条約と生物多様性条約の関係」
2003 年 6 月	海洋および海洋法に関する国連非公式協議プロセス（ICP）における「脆弱な海洋生態系の保護」に関する検討
2004 年 6 月	ICP における「国家管轄権外区域の海底の生物多様性の保全と管理を含む海洋の新たな持続可能な利用」に関する検討
2004 年 11 月	国連総会決議 59 ／ 24 による BBNJ 作業部会の設置
2006 年 2 月	BBNJ 作業部会の第 1 回会合が開催
2011 年 6 月	BBNJ 作業部会で、①海洋遺伝資源②区域型管理ツール③環境影響評価④能力構築・海洋技術移転を内容とする「パッケージ」に合意
2012 年 6 月	リオ +20 成果文書「我々の求める未来」において、BBNJ の保全と持続可能な利用の問題についての早急な対処の必要性が表明される
2015 年 1 月	BBNJ 作業部会の結論として「国連海洋法条約の下の法的拘束力のある国際文書の作成」を国連総会に勧告
2015 年 6 月	総会決議 69/292 による BBNJ の保全と持続可能な利用に関する国連海洋法条約の下の法的拘束力のある国際文書の作成の決定
2016 年 3 月～ 4 月	BBNJ 準備委員会第 1 会期
2016 年 8 月～ 9 月	BBNJ 準備委員会第 2 会期
2017 年 3 月～ 4 月	BBNJ 準備委員会第 3 会期
2017 年 7 月	BBNJ 準備委員会第 4 会期
2017 年 12 月	国連総会決議 72/249 による BBNJ 政府間会議の開催決定
2018 年 9 月	BBNJ 政府間会議第 1 会期
2019 年 3 月～ 4 月	BBNJ 政府間会議第 2 会期
2019 年 8 月	BBNJ 政府間会議第 3 会期
2020 年 3 月	予定されていた BBNJ 政府間会議第 4 会期が新型コロナウィルス感染症の拡大により延期
2022 年 3 月	BBNJ 政府間会議第 4 会期
2022 年 8 月	BBNJ 政府間会議第 5 会期

の判断であることから、各国に受け入れ可能な内容となっているかは条約の成功を大きく左右する。そのため、条約交渉の段階では、多数決による採択が可能な場合であっても、コンセンサス（投票を行わず、反対の表明がないことをもって採択とする方式）による採択に向けて努力が行われることになる。

ＢＢＮＪの保全と持続可能な利用に関する条約作成の動きも、こうした長い道のりを経て進んできた。現在は条約作成のための政府間会議での作業がその最終段階を迎えつつあるが、一九九〇年代半ばにＢＢＮＪの問題が提起されはじめてから既に三〇年近くが経過しつつある。最初の問題意識が生物多様性条約の枠組みの下で生じ、国連総会を中心に本格的に議論されるようになるまで約十年、国連総会における議論を通じて条約の作成が決定されるまでにさらに約十年、そして国連総会決議に基づいて条約を作成する具体的な作業が開始されてから既に約七年が経過している。その間、この問題は国連を中心とした様々な場で議論され、少しずつ新たな国際ルールの作成に向けた議論が進展して現在に至っている。

生物多様性条約の枠組みにおける議論

ＢＢＮＪをめぐる問題は、国連海洋法条約と生物多様性条約という二つの条約の狭間にある問題である。一方で、国連海洋法条約は国家管轄権外区域を含めた海洋全般に関する法制度を定めているが、生物多様性の保全と持続可能な利用については明示的な規定を欠く。他方で、生物多様性条約は生物多様性に関する国際的な枠組みを定めているが、国家管轄権外区域への適用は限られている。

関連する二つの条約のいずれの下でも十分な国際的規律が及んでいないのではないかという問題は、一九九〇年代半ば以降、次第に国際的に提起されるようになっていった。初期の議論を主導したのは、二つの条約のうち、生物多様性条約の枠組みにおける議論である。

生物多様性条約には条約の実施状況を検討するための締約国会議があり、おおむね二年に一回開催されている。一九九五年に開催された第二回締約国会議では、海洋及び沿岸の生態系の保全と持続可能な利用についての取組みを進めることを内容とする「ジャカルタ・マンデート」を採択したが、その中には統合的な海洋・沿岸域管理や海洋・沿岸域の保護区の設置を推進すべきことが含まれていた（生物多様性条約締約国会議決定 II/10）。保護区の問題については、第四回締約国会議（一九九七年）で設置された海洋・沿岸域の保護区に関するアドホック技術専門家グループや、条約の実施状況について科学技術的な見地から検討を行う科学技術助言補助機関（ＳＢＳＴＴＡ）で検討が進められていったが、国家管轄権外区域における海洋保護区もその中で課題として取り上げられ議論された。そこでは、国家管轄権外区域においても、特に海山や海底熱水鉱床の周辺及び冷水サンゴ等の保護のために海洋保護区の設置が必要であるとの認識が有力となる一方で、国家管轄権外区域における海洋保護区の設置については国連海洋法条約をはじめとする現行の国際法との関係で検討が必要であるという指摘がなされるようになった。

ＢＢＮＪをめぐっては、深海底の遺伝資源の公正かつ衡平な利用についても一九九五年に開催されたＳＢＳＴＴＡの第一回会合で問題が提起されていた。これを受けて、ジャカルタ・マンデートを採択した決定 II/10は、深海底の遺伝資源の保全と持続可能な利用との関連で、国連海洋法条約と生物多様性条約の関係について検討するように条約の事務局に対して要請を行った。この検討結果は、ＳＢＳＴＴＡ第二回会合（一九九六年）に提出された予備的な調査報告と第五回締約国会議（二〇〇〇年）に提出された中間報告を経て、ＳＢＳＴＴＡ第八回会合（二〇〇三年）に最終報告書として提出された。この報告書は、公海及び深海底の海洋遺伝資源を対象とした商業的な探査活動（バイオプロスペクティング）について、国連海洋法条約と生物多様性条約のいずれも具体的な法制度を設けておらず、その規制のために新たな法制度を設けることを検討すべきであると結論づけていた。

このように生物多様性条約の枠組みにおける検討によって、特に海洋保護区を通じたＢＢＮＪの保全とＢＢＮＪの構成要素としての海洋遺伝資源の利用の規制の問題について、現行の国際法に基づいた対応には限界があるとの認識が広がっていった。しかし、二〇〇〇年代に入るとこれらの問題の主な議論の場は国連総会に移るようになり、生物多様性条約の締約国会議でも、必要とされる新たな国際法に関する具体的な対応は国連総会に委ねることにした。二〇〇四年に開催された生物多様性条約の第七回締約国会議で採択された海洋・沿岸域の生物多様性に関する決定 VII/5 では、国家管轄権外区域の海洋保護区の問題について、「海洋法が国家管轄権外区域における活動の規制のための法的枠組みを提供していることを認識」し、国連事務総長及び関連する国際的・地域的期間と早急に協働し、また、その将来における設置及び実効的な管理に関する適切な仕組みを特定するための国連総会の作業を支援するよう事務局に対して要請している。また、海洋遺伝資源の問題についても、同様に国連総会がこの問題に関する作業を調整するよう求めている。

国連総会における議論の開始

海洋法に関する問題は、従来国連総会において議論されてきた。国連総会は、国連海洋法条約を作成する過程で主導的な役割を果たし、条約が発効した後もその実施や追加的な国際法規則の作成のための議論の場となっている。国連海洋法条約にも締約国会議は存在するが、条約の実施に関する実質的な議論の場としては機能しておらず、代わりに国連総会で海洋に関するあらゆる問題が議論されてきた。国連総会では、海洋及び海洋法に関する問題全般を検討するために、国連事務総長による報告を踏まえて、「海洋及び海洋法」と題した決議の採択を毎年行うことが慣例となっている。また、総会における議論を促進することを目的として「海洋及び海洋法に関する国連非公式協議プロセス」（ＩＣＰ）と呼ばれる会合が開催されており、そこでは海洋・海洋法に関係する特に検討が必要なテーマについて、専門家が報告を行うディスカッション・パネルを中心とした議論が行われている。ＩＣＰでの議論は必ずしもその後の法的または政策的な対応につながるものではないが、取り上げられるテーマは海洋の持続可能な開発に関する最先端の問題関心を反映したものである場合が多い。

国連総会では二〇〇二年に開催された持続可能な発展に関する世界サミット（ＷＳＳＤ）以降、国家管轄権外区域の生物多様性の問題が大きく取り上げられるようになっていった。ＷＳＳＤの成果物であるヨハネスブルク実施計画は、国家管轄権外の海域を含め、重要・脆弱な海域の生産性及び生物多様性を維持すべきであるとし、生態系アプローチの採用、有害な漁業慣行の撤廃、海洋保護区の設定などの手段を用いるべきであるとした。翌二〇〇三年に採択された国連総会決議五八／二四〇では、それまで国家管轄権外区域における問題の例として挙げられることの多かった海山や冷水サンゴ等について、生物多様性へのリスクを管理するための取組みを検討するよう呼びかけている。そして同決議はさらに、脆弱なまたは脅威の下にある国家管轄権外区域の海洋生態系及び海洋生物多様性への脅威・リスクへの対応方法について、既存の条約をどのように活用できるかも含めて検討するよう関連する機関に求めた。また、決議では国連事務総長に対してこの問題に関する検討した報告書を海洋及び海洋法に関する報告書に添付するよう要請しており、これに対応した報告書が翌年の国連総会に提出されている。

ＩＣＰにおいても、ＢＢＮＪに関係するテーマがこの時期に相次いで議論された。二〇〇三年には「脆弱な海洋生態系の保護」のテーマの下で、国家管轄権外区域における海洋保護区の設置に関する議論が行われている。また、二〇〇四年は「国家管轄権外区域の海底の生物多様性の保全と管理を含む海洋の新たな持続可能な利用」がテーマとされ、公海着底トロール漁の規制、海洋保護区の設置、そして海洋遺伝資源及びその取得を伴う海洋科学調査について議論が行われた。この議論の中で、一部の国からは国家管轄権外区域に関する既存の法的枠組みが不十分であるとの意見も表明された。なお、ＩＣＰではその後、二〇〇七年にも海洋遺伝資源をテーマとして議論が行われている。

このような動きを経て、ＢＢＮＪをめぐる問題は国連総会でさらに集中的に検討すべき問題として位置づけられることになった。国連総会は二〇〇四年一一月に採択した決議五九／二四の中で、ＢＢＮＪに関する問題をさらに検討するための場として、「国家管轄権外区域の海洋生物多様性の保全と持続可能な利用に関する問題の検討のためのアドホック・オープン・エンド非公式作業部会」（ＢＢＮＪ作業部会）を設置した。この作業部会の任務は、①ＢＢＮＪの保全と持続可能な利用に関する国連その他の国際組織の活動について調査すること、②問題の科学的、技術的、経済的、法的、環境的、社会経済的及び他の側面について検討すること、③その背景についてのさらなる研究が各国による検討に資することとなる主要な問題や論点の特定、④適切な場合には、ＢＢＮＪの保全と持続可能な利用に関する国際的な協力と協調を促進するための取りうる選択肢やアプローチを示すこと、の四点とされた。

ＢＢＮＪ作業部会における検討

ＢＢＮＪ作業部会は二〇〇六年に作業を開始し、その後二〇一五年までに一〇回の会合が開催された。この作業部会に当初与えられた任務はＢＢＮＪに関する問題の調査・検討に力点が置かれているようにも見えるが、検討の対象事項は次第に限定されていくとともに、既存の国際法の空白を埋めるためのものとして新たな条約の作成が必要であるか否かが議論の中心となっていった。二〇〇六年に開催されたＢＢＮＪ作業部会の一回目の会合では、ＢＢＮＪの保全と持続可能な利用のために取りうる選択肢やアプローチに関連して、漁業に関するものを含めた既存の法文書の実施の強化、分野横断的な協力・協調の必要性、統合的な管理のために国連海洋法条約の新たな実施協定を作成することの是非、海洋保護区を含む区域型の管理措置の活用、海洋科学調査の促進と規制、能力構築と海洋技術移転、海洋遺伝資源の法的地位などについて様々な議論が行われた。その一方で、より焦点を絞った議論が必要であるとの意見も提起されたことから、二〇〇八年に開催された二回目の会合からは、①ＢＢＮＪへの人間活動の環境影響、②ＢＢＮＪの保全と管理のための国家間・関連国際組織間の調整と協力、③区域型管理ツールの役割、④国家管轄権外区域の遺伝資源、⑤ガバナンスまたは規制に関する空白の存在の有無とその対処方法、の五点を検討するという形に改められた。

ＢＢＮＪ作業部会における検討では、ＢＢＮＪについて一貫して注目されてきた海洋保護区（ただし、より広い概念である「区域型管理ツール」の問題として議論されるようになった）と海洋遺伝資源の問題が引き続き議論の中心となった。また、これらに加えて、途上国を中心に能力構築及び海洋技術移転の問題が重要な問題として提起されたほか、生態系アプローチや予防的アプローチを実現するための重要な手段として環境影響評価の重要性も指摘されるようになった。これに対して、ＢＢＮＪをめぐる初期の議論で着目されていた海山等の脆弱な海洋生態系やその着底漁業からの影響や、海洋科学調査・バイオプロスペクティングに関する問題は、正面から取り上げられることが少なくなり、それぞれ区域型管理ツールや海洋遺伝資源に関する議論に吸収されていった。

二〇一一年に開催されたＢＢＮＪ作業部会は、作業部会の作業をより明確にＢＢＮＪに関する法的な枠組みの強化に向けたものとして位置づける提案を国連総会に対して行い、総会は同年の決議六六／二三一でこの提案に従った対応を決定した。この提案は、ＢＢＮＪの保全と持続可能な利用に関する法的枠組みが実効的にＢＢＮＪの諸問題に対応できることを確保するよう、法制度に存在する空白の特定と、既存の法文書の実施及び国連海洋法条約の下の多数国間条約の作成の可能性を含めた今後の対処方法について検討するためのプロセスを開始すべきであり、ＢＢＮＪ作業部会がこれを担うべきというものであった。また、このプロセスはＢＢＮＪの保全と持続可能な利用、特に①海洋遺伝資源（利益配分に関する問題を含む）、②区域型管理ツール等の措置（海洋保護区を含む）、③環境影響評価及び④能力構築・海洋技術移転を一括かつ一体として扱うものとされた。なお、ＢＢＮＪの保全と持続可能な利用をこれらの四つのトピックから構成されるものとして議論するという方針は、これ以降のＢＢＮＪに関する議論で重要な基本方針として踏襲され、「二〇一一年に合意されたパッケージ」と呼ばれるようになっている。

ＢＢＮＪに関する新たな条約の作成の必要性は、ＢＢＮＪ作業部会における議論の開始時点から各国の間で見解が対立してきた問題である。一方では、ＢＢＮＪについては必要な国際法の規則が存在しない空白（ギャップ）があり、この空白を埋めるために国連海洋法条約の実施協定のような新たな条約が必要であると主張されていた。しかし、他方では、国連海洋法条約は国家管轄権外区域についても規定していることから法的な空白はなく、ＢＢＮＪの保全と持続可能な利用をめぐる課題は既存の法的枠組みの実効性の強化と、関連する条約や組織間の分野横断的な協力・協調によって実現すべきであるとの反論が行われていた。この基本的な問題についての対立には根深いものがあり、ＢＢＮＪ作業部会では結論に向けて議論が進展しない会合が続いた。このような状況の中、二〇一二年に各国首脳らが環境と開発について議論する国連持続可能な開発会議（リオ＋２０）が開催され、その成果文書「我々の求める未来」にＢＢＮＪ問題への対応が盛り込まれた。この文書では「ＢＢＮＪ作業部会における作業に基づき、国連総会第六九会期終了までに、国連海洋法条約の下で国際文書を策定することについての判断を含め、国家管轄権外区域の海洋生物多様性の保全と持続可能な利用に関する問題に早急に対処すること」とされ、期限付きの具体的な形で政治的なコミットメントが表明された。

ＢＢＮＪ作業部会はこれに後押しされる形で、最終的には新たな条約の作成が必要であるとの結論に至った。「我々の求める未来」が期限としていた国連総会第六九会期中の二〇一五年一月に開催されたＢＢＮＪ作業部会は、「ＢＢＮＪの保全と持続可能な利用に関する国連海洋法条約の下の法的拘束力のある国際文書の作成を決定」することを勧告した。「法的拘束力のある国際文書」とは端的にいえば条約のことであり、非拘束的な指針等ではなく、あくまでも新たな条約作成を行うことが明確に決定された。また、この条約は「国連海洋法条約の下」のものと位置づけられ、ＢＢＮＪに関する全く新たな国際法を目指すのではなく、国連海洋法条約を中心とする既存の海洋法と整合的な条約を作成することが確認された。ＢＢＮＪ作業部会はさらに、条約作成のために政府間会議の開催に先立って条文草案の要素について総会に勧告を行うための準備委員会を設置すること、交渉の対象は二〇一一年に合意されたパッケージに含まれる事項とすべきこと、法的拘束力のある国際文書の作成にあたって既存の関連する法文書・枠組み、及び関連する世界的・地域的・分野別の機関を損なうべきではないこと、なども勧告した。

なお、新たな条約を国連海洋法条約の下のものとして作成すべきとされたことや、既存の関連する法文書・枠組みや機関を損なってはならない（should not undermine）とされたことは、その後展開されるＢＢＮＪ条約交渉を大きく規定する要素となっている。この条約にはＢＢＮＪの保全と持続可能な利用のために望ましいと合意できる措置であれば何でも盛り込めるのではなく、新たに導入される規則や制度は国連海洋法条約と整合的であり、既存の法制度や機関を損なわないものでなければならない。ただし、この「損なわない」とは何を意味するのかは、その後の展開において度々議論されるところとなった。もともとＢＢＮＪの問題は既存の法制度の枠内で解決すべきであると考えていた国々は、新たな制度の導入がこの制約に抵触すると主張する一方で、新たな条約を通じてＢＢＮＪの保全と持続可能な利用のための新たな制度の構築を目指す国々は、既存の制度の改善・促進は必ずしもこれを「損なう」ものではない等と主張するようになった。

新たな条約作成の決定とＢＢＮＪ準備委員会の開催

国連総会は二〇一五年六月、ＢＢＮＪ作業部会の勧告に従って総会決議六九／二九二を採択し、ＢＢＮＪに関する条約の作成とそのための準備委員会の設置を決定した。準備委員会の役割は、条約の内容に関する具体的な交渉を行う前段階として「条文草案の要素」について検討し、二〇一七年末までに国連総会に報告を行うこととされた。議論の対象は、ＢＢＮＪ作業部会における合意を踏襲する形で「二〇一一年に合意されたパッケージ」であり、四つのテーマについて一括かつ一体として議論を行うものとされた。また、新たに作成される条約は国連海洋法条約の下に作成されるものと位置づけられ、準備委員会の作業は関連する既存の法的文書、枠組み及び機関を損なってはならないものとされた。

準備委員会はその作業を二〇一六年三月に開始し、翌二〇一七年までの間に四回の会合が各十日間の会期でニューヨークの国連本部にて開催された。準備委員会の会合では前述のパッケージを構成する四つのテーマをそれぞれ検討する非公式作業部会（informal working groups）を設けて、それぞれに任命されたファシリテーターが主導する形で議論が行われた（後に、条約全体に関わる横断的問題（cross-cutting issues）の検討も四つのテーマに並列して追加された）。パッケージを一括かつ一体として議論するという方針を反映して、四つのテーマについては基本的に均等に時間を配分する形で検討が進んだ。

準備委員会の任務は新条約の条文の作成ではなく、あくまでも新条約に盛り込むべき「条文草案の要素」を検討することであった。そのため、準備委員会における議論は各国間で妥協可能な点を探りあうという意味での交渉というよりは、関係する四つのテーマ及び条約全体に関わる事項について各国がそれぞれ意見を述べた上で、論点を整理しつつ、その中から条文草案に盛り込むべきものとしておおむね合意が見られる事項を抽出することを試みる形で進展した。第二会期では議長が作成した論点リストである議長素案が示され、議論を踏まえて第三会期では各国の意見を反映した「ＢＢＮＪ新協定の条文案の要素に関する議長ノンペーパー（議長による非公式文書）」、第四会期ではこれを整理した議長ノンペーパーを元に議論を行った。こうした作業を経て、条約の作成に向けた主要な論点の整理は進んだものの、多くの論点については各国間で大きな意見の対立が存在することが確認されるにとどまり、各論点についての合意に向けた大きな進展はなかった。そのため、条約作成にはなお慎重な国も見られたが、最終的には条約を作成するための政府間会議の開催を国連総会に勧告する内容の報告書を採択することになった。

準備委員会報告書は、新協定の作成にあたって検討すべき条文草案の要素を示し、新協定を作成するための政府間会議の開催について可能な限り早期に決定を行うことを国連総会に求めている。しかし、条文草案の要素に関する報告書の内容は、作成すべき条約の内容について各国の間で大きな見解の相違が存在していたことを示すものとなっている。条文草案の要素に関する勧告は二つの部分から構成されており、セクションＡは大多数の代表団の間で意見の収斂が見られた主な要素を掲載するもの、セクションＢは見解の相違が存在する主要論点の一部を特に列挙するものとなっているが、いずれのセクションも準備委員会におけるコンセンサスを反映したものではない旨が明記された。このようなやや奇妙な構成になっているのは、議論の過程ではセクションＡに各国のコンセンサスが得られた事項、セクションＢにはそれ以外の事項を記載することが想定されていたところ、ほぼすべての主要な論点について有力な反対があり、コンセンサスが得られなかったためである。このように最後まで対立が残った議論状況は、あくまでも大多数の代表団の間で意見の収斂があった事項とされているセクションＡの記載内容が、ごく一般的な内容にとどまっていることにも表れている。例えば、先進国と途上国との間で対立の大きい海洋遺伝資源の問題については、海洋遺伝資源へのアクセス、海洋遺伝資源から生じる利益配分に関する原則・アプローチ、そして配分される利益の種類や利益配分のあり方などについて新協定が扱うべきことについて意見の収斂があったとしている。これらの点が論点となること自体について意見の収斂が見られたということであり、その具体的な内容のほぼすべてについては、見解の相違が存在している点として位置づけられた。

ＢＢＮＪ政府間会議における議論と今後の展望

ＢＢＮＪの保全と持続可能な利用に関する新条約の内容については、準備委員会における議論を経ても大きく見解が対立したままであったものの、国連総会は二〇一七年一二月に決議七二／二四九を採択して、準備委員会の勧告に従い、新条約の条文の作成を行うための政府間会議を行うことを決定した。同決議は、それぞれ一〇日間の会期の会合をまず四回開催するものとし、二〇一八年の後半に第一会期、二〇一九年に第二会期及び第三会期、そして二〇二〇年前半に第四会期を開催するものとした。交渉の対象を二〇一一年に合意されたパッケージとすること、会議の作業及び成果は既存の関連する法文書・枠組みや関連する世界的・地域的・分野別機関を損なってはならないことは条約の作成と準備委員会の開催を決定した決議六九／二九二と同様である。ただし、政府間会議の開催を決定した決議七二／二四九では、政府間会議の作業と結果が国連海洋法条約の規定と完全に整合的であるべきことを確認する文言がさらに追加されている。

二〇一八年四月には政府間会議の開催に向けた準備会合が開催され、シンガポールのレナ・リー海洋・海洋法担当大使兼外務大臣特使が議長に選出された。議長は、議論の基礎となる資料を作成することを約束し、その後、準備委員会の報告書に基づいて検討を要する論点を箇条書きの形で整理した討議資料（President's aid to discussions）が政府間会議第一会期に先立って公表された。政府間会議の第一会期は二〇一八年九月にニューヨークの国連本部で開催され、議長が用意した討議資料に沿って、それぞれの論点について各国が意見を表明する形で進行した。しかし、各国の立場は準備委員会までとおおむね同様であり、主要な論点について大きな意見の隔たりが存在している状況からほとんど進展は見られなかった。こうした状況に対して、第一会期の閉会時には次回の会期までに条文に基づいた交渉を行うための条文原案（ゼロ・ドラフト）を議長が用意するよう求める声がＧ７７プラス中国（ほとんどの途上国に中国を加えたグループ）やＥＵ等の交渉グループから挙がった。

二〇一九年三月から四月にかけて開催された第二会期では、議長が交渉資料（President's aid to negotiations）を用意し、これを基づいて議論が行われた。この資料は条約草案の形式はとっていないものの、それまでの議論の中で表明されていた様々な意見や提案を条文の形にまとめ、異なる選択肢として示す形で整理したものである。この資料を基礎とした第二会期における議論は、各国が適切と考える選択肢を順次発言する形で展開していった。第一会期までの議論と比較すると、各論点について自由に意見を述べる形の討論から具体的な選択肢からの選択について意見を述べる形に議論の方法が変化し、これによってさらなる議論の整理が進んだ。しかし、各国の立場の表明が主であった点で議論の実質に大きな変化はなく、基本的な論点に関する対立を埋める上では大きな進展は見られなかった。

続く第三会期は二〇一九年の八月に開催され、開催に先立って議長が示した「国連海洋法条約の下のＢＢＮＪに関する条文草案（Draft text）」（条文草案）に基づいた議論が行われた。条文草案は第二会期までの議論を踏まえ、条約に盛り込むべき条文に関する選択肢を統合して条約の形としたものである。条文交渉を行うためのたたき台が初めて示されたことはＢＢＮＪ交渉の中で大きな進展であった。

もっとも、条文草案は複数の選択肢がある場合や反対のあった条文など、なお議論が必要な条文・文言を多数のブラケット（角括弧）で囲む形式をとっていた。第三会期ではこの条文草案に基づいて交渉を実質的に進展させることが意識され、非公式会合を通じて議論を行ったり、小規模な代表団に配慮してそれまで避けられてきた複数のセッションの並行開催も部分的に取り入れるなど、議論の方式に工夫が行われた。各国も条文草案に対して具体的な修正提案を行うようになり、第三会期から議論は新たな段階に入ったが、ＢＢＮＪが議論されるようになって以降、一貫して議論されてきた主要な論点をめぐる各国間の立場の隔たりはなお大きく、第三会期においても妥協に向けた大きな進展はないままに終わった。

国連総会決議が開催を決定していた最後の会期である第四会期は、二〇二〇年三月から四月にかけて開催されることが予定され、開催に先立って条文草案に第三会期における議論や提案を反映した改定条文草案（Revised draft text）が公表された。しかし、新型コロナウィルス感染症の拡大により、第四会期は開催直前に延期が決定された。条約交渉のための会合では議場における議論のみならず、出席している代表団間の直接の交渉も必要であることから、対面以外の方法で実施することは困難である。そのため、ＢＢＮＪ交渉は国連本部における開催が可能となるまで中断されることとなった。ただしその間、二〇二〇年九月には議長の発議により、条約作成に向けた機運を維持し、議論を継続するための会期間作業（Intersessional work）を実施する試みも行われた。これは、二〇二〇年九月から二〇二一年三月にかけて、オンラインの議論フォーラムとオンライン会議の組み合わせによって行われた。前者はいわゆるパッケージの四項目を対象に、なお議論が必要な点に関する質問をファシリテーターが提示し、定められた期間の間に各国がその見解を書き込む形で実施された。また、横断的な事項として位置づけられているクリアリングハウスと紛争解決手続きの問題については、オンライン会議形式で議論が行われた。

その後、ＢＢＮＪ政府間会議第四会期は二〇二二年三月に対面で開催された。第四会期の会合は、感染症対策として政府代表団の入室者数を限定し、残りの参加者はオンライン上での視聴に制限するハイブリッド形式で実施された。国連における措置が緩和されることとなった会期後半まではＮＧＯの代表者は対面での出席が認められないなど、通常とは異なる形式での開催となった。しかし、国連本部で対面の会合が開催されたことで、出席している代表団の個別の交渉も可能となり、コロナ禍で中断していた交渉は本格的に再始動することになった。第四会期では交渉中断前に用意されていた改定条文草案に基づいてファシリテーターの主導の下に議論が行われ、条約交渉の早期妥結を意識していると思われる一部の代表団からは妥協に向けてこれまで以上に柔軟な立場が示される場面もあった。しかし、会期の時間的な制約の中ですべての条文を検討することはできず、海洋遺伝資源の法的地位や、海洋保護区の設置手続き等の最も基本的な問題に関する対立も解消することはできなかった。第四会期は国連総会決議七二／二四九で予定されていた最後の会期であったため、第五会期を二〇二二年八月に開催することについて国連総会に要請することとなり、その旨の決定が二〇二二年五月に採択された。

第五会期は、二〇二二年八月一五日から二六日にかけて開催された。この会期ではこれまでとは異なり、並行セッションや小グループに分かれた条文交渉も開催され、連日夜まで予定時間を超過して議論が続けられた。一週目の交渉結果を踏まえて議長が改訂条文を用意するなど、会期中の条約採択を意識した交渉が続けられた結果、大多数の代表団の間で合意間近とみられる条文も増えつつあったが、時間切れとなり最終的な合意に至ることはできなかった。そのため、予定されていた第五会期の最終日には、会期を中断して後に決定する期日に再開することが決定された。先進国と途上国の間で対立の大きい海洋遺伝資源の問題など、最終合意までに乗り越えなければならない課題は残っているが、今後は再開された第五会期において条約の採択が目指されることになる。

参考文献

北沢一宏　二〇一五「国家管轄権限外の海域における海洋生物多様性の保全と持続的な利用」『日本海洋政策学会誌』第五巻：一〇七―一一六

坂元茂樹・薬師寺公夫・植木俊哉・西本健太郎編　二〇二一『国家管轄権外区域に関する海洋法の新展開』有信堂高文社

佐々木浩子　二〇二一「国家管轄権外区域の海洋生物多様性（ＢＢＮＪ）のための枠組みに関する一考察―国連海洋法条約の下の新たな条約（ＢＢＮＪ新協定）と生物多様性条約の交錯」『法学研究』（慶応義塾大学）第九四巻一号：一三一―一六〇

本田悠介　二〇一九「海洋法における「持続可能な開発」概念の展開―国家管轄権外区域の海洋生物多様性の保全と持続可能な利用をめぐる議論を素材として」『世界法年報』第三八号：七八―一〇二

2　海洋遺伝資源をめぐる論点と展望

本田悠介

はじめに

地球上の海洋面積は約三億六二〇〇万平方キロメートルという広大な空間を占め、そのうち約六〇%が、公海や深海底といったいずれの国家にも属さない空間、「国家管轄権外区域」となっている（厳密にいえば、深海底は延長大陸棚で減少しうるので、上部水域（公海）と深海底では国家管轄権外区域の面積は異なる）。

このうち公海の場合は、高度回遊性魚類や移動性の種などが生息しているが、とりわけ冷たく暗い深海底は、長い間生物学的に不毛であると考えられてきた。しかしながら、一九七七年に米国の有人潜水調査艇「アルビン（Alvin）号」によって、ガラパゴス諸島沖の水深約二五〇〇メートルに生息する二枚貝やチューブワームといった特殊な生物群集（化学合成生物群集）が発見されて以降、世界各地の深海底にも様々な生物が生息していることが確認されている。さらに、二〇〇〇年以降に実施された海洋生物のセンサス（ＣｏＭＬ：Census of Marine Life）といった近年の海洋の科学的調査が示すように、公海や深海底においても種の多様性が確認されている。その中でもとりわけ関心を集めているのが、北極や南極といった極域の海や、暗黒・低温・高圧力の深海底、高温かつ有毒な硫化水素が吹き出て

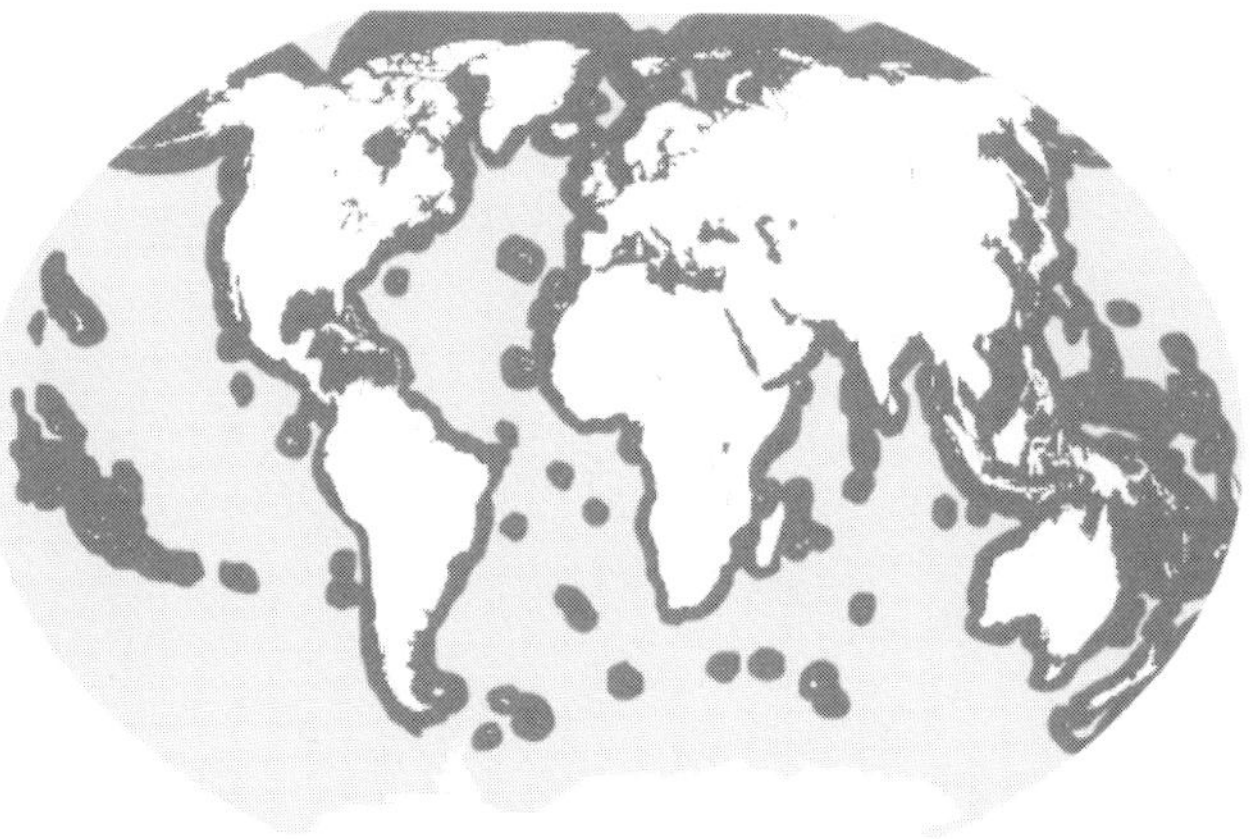
図1 海洋の60% 以上を占める国家管轄権外区域（延長大陸棚を除く）（出典：Sea Around Us）

いる海底の熱水噴出孔といった、特殊な環境に生息する「極限環境生物」と呼ばれる生物・微生物の遺伝資源としての利用である。

本書で取り上げる「ＢＢＮＪ交渉」とは、このような公海や深海底における海洋生物多様性の保全と持続可能な利用に関する議論のことであり、現在、そのための新しい法的拘束力のある文書、「ＢＢＮＪ新協定」を採択すべく、国連で激しい議論が続けられている。そして、そのＢＢＮＪ交渉において、最も国家間で意見が対立しているのが、本稿で取り上げる海洋遺伝資源をめぐる問題である。

国家管轄権外区域の海洋遺伝資源が注目される理由

ところで、なぜ国家管轄権外区域の海洋遺伝資源が特に注目されるのであろうか。単に、公海や深海底の海洋遺伝資源を対象とする条約が存在しないことが問題なのであろうか。

それも理由の一つとして挙げられるが、最大の理由は、遺伝資源の潜在的な市場の大きさと、国家管轄権外区域である公海や深海底にアクセスし、その海洋遺伝資源を利用、開発できるのが、高度な海洋科学技術を有する一部の先進国に限られているという点にある。

正確な数字を出すのは困難であるが、一説には、海洋バイオテクノロジーの世界市場は年間一〇〇〇億米ドルの規模があると見積もられており、また、海洋生物由来の医薬品一つの年間利益は五〇〇〇万から一億米ドルにも及ぶともいわれている(1)。ただし、これらの市場の見積もりは海洋関連全体での数値であり、利用されている海洋遺伝資源も国家管轄権内のものか外のものか区別されていない。また現在のところ、公海や深海底の海洋遺伝資源が既に商業的規模で開発されているという事例も報告されてない。

また海洋遺伝資源へのアクセスについては、浅瀬や沿岸域の場合には、民間の船舶によって実施されることもあるが、公海や深海底といった遠洋・深海の場合には、大型の海洋調査船や特殊な調査機材が必要であり、その運航費用も一日あたりの数万米ドルを超えることから、後述するように、基本的には、一部の海洋先進国の公的研究機関によって実施されている。実際、大型の海洋調査船を保有する国は一〇カ国程度しかなく、四〇〇〇メートル以深の深海に潜航可能な有人潜水調査船を保有する国に限定すれば、日本、米国、フランス、ロシア、中国の五カ国のみである。

こうした事実背景から、途上国を中心として、国家管轄権外区域の海洋遺伝資源は人類の共同財産であることから、一部の先進国が海洋遺伝資源を自由に利用、開発をし、その利益を独占することは許されないという強い批判がある。問題は、こうした批判が国家管轄権外区域の海洋遺伝資源をめぐる法的および利用開発をめぐる実態を正確に反映していないということである。

以下では、このような状況に至った経緯を、問題の発端から現在のＢＢＮＪ新協定に関する政府間会議までの議論を中心に整理する。なお本稿の内容は、ＢＢＮＪ新協定の政府間会議第四会期（二〇二二年三月）直前までの情報にもとづく。

海洋遺伝資源とは

本論に入る前に、ＢＢＮＪ交渉における海洋遺伝資源をめぐる論点を理解するうえで重要なキーワードである、「海洋遺伝資源」とは具体的に何のことを指すのかということを整理しておきたい（なお、「海洋遺伝資源」の具体的な利活用については、本書第２部３章参照）。

海洋遺伝資源とは何か

「海洋遺伝資源（ＭＧＲ：Marine Genetic Resources）」とは、海洋・沿岸域における生物（動物、植物、微生物その他）に由来する遺伝資源のことをいい、ＢＢＮＪ交渉の文脈では、国家管轄権外区域である公海や深海底において取得された遺伝資源のことを指す。したがって、法的にいえば、同じ海洋遺伝資源でも、領海や排他的経済水域、大陸棚の海洋遺伝資源とは区別される。この海洋遺伝資源をめぐる問題は、ＢＢＮＪ交渉の嚆矢となった論点であり、また交渉の核心といっても過言ではない。

海洋遺伝資源をめぐる議論は、後述するように、一九九五年九月の生物多様性条約における第一回科学技術補助機関会合（SBSTTA1）にまで遡ることができる。この特殊な背景は、今日におけるBBNJ新協定における海洋遺伝資源をめぐる法的論点の基礎を提供する一方で、議論における固定観念を形成する一要因にもなっている。つまり、生物多様性条約における「遺伝資源の利益配分」の議論と同様に、「国家管轄権外区域の海洋遺伝資源もその利益は公正かつ衡平に配分されなくてはならない」という考えである。

またこの問題は、国家管轄権外区域である公海と深海底をそれぞれ規律する法原則である、公海自由の原則と人類の共同財産原則との関係性に直結する論点でもあり、BBNJ新協定の根幹にも関わる。つまり、国家管轄権外区域の海洋遺伝資源をいずれの原則の下で扱うのかということである。この点、一部の海洋先進国は、海洋遺伝資源へのアクセスは海洋の科学的調査として実施されるとして、公海の自由の一つである海洋の科学的調査の自由を妨げるような規制については受け入れられないとする立場をとる。他方で、途上国は、国家管轄権外区域の海洋遺伝資源を深海底の鉱物資源と同じく「人類の共同財産（Common Heritage of Mankind）」とみなし、自由な利用や開発を否定し、その利益配分の義務化を主張している。

このように、国家管轄権外区域の海洋遺伝資源をめぐる問題は、科学技術を有する先進国とそうでない途上国との間の対立の象徴となっており、BBNJ交渉の本質を物語っているともいえる。

遺伝資源の本質

前述のように、「海洋遺伝資源」とは、一般に海洋・沿岸域における生物（動物、植物、微生物その他）

に由来する遺伝資源のことをいい、ＢＢＮＪ交渉の文脈では、公海や深海底の遺伝資源のことをいう。その「遺伝資源」とは、生物学上の定義では「遺伝的変異に富む生物集団の総称」（２）とされており、生物が有する高い遺伝的多様性のうち、「特定の環境への耐性」や「特定の酵素の生成」といった、とりわけ人間にとって有用な特性（遺伝情報）に着目した場合の呼称である。その遺伝情報を含むのが「遺伝子（gene）」であり、遺伝子とはＤＮＡ上の特定の部分（領域）のことをいう。したがって、遺伝資源とは、人間にとって有用な遺伝的要素を有する生物またはその一部のことを指すが、その本質または価値そのものは「遺伝情報」という無形の財にあるといえる。

このような性質を持つ遺伝資源は、国際法上どのように扱われているのであろうか。一九八二年に採択された国連海洋法条約は、当時の国際社会の関心や科学的知見の限界から、交渉において「（海洋）生物多様性」を含め、「（海洋）遺伝資源」というものは明確に認識されていなかった。国際法が遺伝資源（遺伝的多様性）を対象とし、生物多様性を包括的に扱ったのは、一九九二年に採択された生物多様性条約が初めてである。

その生物多様性条約は第二条において、「遺伝資源（genetic resources）」という用語を「現実の又は潜在的な価値を有する遺伝素材（genetic material）」と定める。そして、その「遺伝素材」とは、価値の有無に関係なく「遺伝の機能的な単位（functional unit of heredity）を有する植物、動物、微生物その他に由来する素材」と定めている。同様の用語の意味は、二〇一〇年に採択された遺伝資源へのアクセスと利益配分に関する「名古屋議定書」においても採用されている。つまり、生物多様性条約における「遺伝資源」とは、「遺伝の機能的な単位」である遺伝情報（遺伝子）を含む素材のうち、現実のまたは潜在的な価値を有する生物またはその一部（有体物）のことをいう。ただし、遺伝素材の潜在的な価値を否定することはできないことから、実質的には、すべての遺伝素材が遺伝資源であるといえる（３）。

他方で、ゲノム解析の結果得られる塩基配列データやバイオテクノロジーの応用により作成された合成遺伝子などは、遺伝資源の本質である遺伝情報そのものではあるが、人の手が加わった研究の成果物であることから、論理的には、生物多様性条約でいうところの遺伝資源そのものではない。そもそも、塩基配列データは、学術研究の場合、基本的に、公共のデータベースによって管理・登録・公開が義務づけられており、そのすべてのデータは誰でも制限なしに利用可能な公共財（パブリックドメイン）となっている（４）。そのようなデータを利益配分の対象とするのは、公共財としての性質に矛盾し、却って生物多様性の保全や海洋環境の保護の支障となりかねない点にも留意する必要がある。また、遺伝子発現や代謝の結果として生産される酵素などの生化学物質も、「遺伝の機能的な単位」を含まないことから遺伝資源とはいえない。そのような物質は「派生物（derivative）」とされ、遺伝資源とは別のものと解されている（名古屋議定書第二条（e）参照）。この区別は、規制対象の範囲を考えるうえで決定的に重要である。

海洋遺伝資源へのアクセスの実態

次に海洋遺伝資源への「アクセス（access）」について、生物多様性条約や名古屋議定書の公定訳では「取得の機会」と訳されているが、実際上は、遺伝資源の物理的な「取得（taking）」を意味する概念である（ＢＢＮＪ新協定の条文案では、対象となる資源の「収集（collection）」を意味するという案が提起されている）。その海洋遺伝資源の取得は、通常、自然環境におけるサンプル収集を通じて行われる。

いわゆる浅瀬や沿岸域の場合には特に高度な技術は必要ないが、公海や深海底といった場合には専用の大型調査船や、水深数百・数千メートルという深海調査が可能な特殊な機器が必要となる。一例を挙げれば、海底の堆積物や地層を採取するための採泥器（ドレッジャーやコアラー）や採水器といった長深度のケーブル付きの各種サンプラーを使った採取、遠隔操作型無人機（ＲＯＶ）または有人探査船による直接採取などがある。こういった活動は、浅瀬や沿岸域の場合には、個人所有の船舶によって実施されることもあるが、公海や深海底といった遠洋・深海の場合には、前述のような大型の海洋調査船や特殊な調査機材が必要であり、その費用も一日あたり数万米ドルを超え（5）、期間も通常は一週間以上、長いときには一ヶ月以上続く。こうしたこともあり、基本的には、一部の海洋先進国の公的研究機関により実施されている（6）。

なお、海洋遺伝資源の採取活動は、基本的に比較的小さな区域における少量の資源採取であることから、一部の脆弱な海洋生態系や集中的なサンプル収集が行われる場合を除き、そのようなサンプリングレベルの活動が生息域の破壊や種の個体数の減少を伴う可能性は低い。以上の基本的な情報を踏まえ、次はＢＢＮＪ交渉における国家管轄権外区域の海洋遺伝資源をめぐる議論経緯について整理する。

議論経緯

冒頭に述べたように、国家管轄権外区域の海洋遺伝資源をめぐる議論は、一九九五年九月に開催された生物多様性条約の関連会合である第一回科学技術補助機関会合にまで遡る。

一九九二年に採択された生物多様性条約は、生物多様性の保全、その構成要素の持続可能な利用、そして遺伝資源の利用から生ずる利益の公正かつ衡平な配分を目的とする条約であるが、条約の適用範囲に、国家管轄権外区域の生物多様性は含まれておらず（生物多様性条約第四条（b）参照）、したがって、生物多様性条約の遺伝資源の利益配分に関する規定は適用されない。この点、生物多様性条約より前の一九八二年に採択された国連海洋法条約は、起草当時の国際社会の主な関心が深海底の鉱物資源に向けられており、また国家管轄権外区域の海洋生物多様性の実態についても十分知られていなかったことから、生物多様性を含め海洋遺伝資源に言及する条文はない。そのため、既存の法的枠組みにおいて、国家管轄権外区域の海洋遺伝資源、とりわけ深海底の遺伝資源の公正かつ衡平な利用を確保するための法的メカニズムが欠けているとして、その国際措置の必要性を議論すべきであることがSBSTTA1において指摘された（7）。この指摘を受け、同年一一月に開催された生物多様性条約の第二回締約国会議（COP2）では、海洋遺伝資源の問題に関する生物多様性条約と国連海洋法条約の関係性について研究することが決定された（8）。これが、今日の国家管轄権外区域の海洋遺伝資源をめぐる議論のきっかけである。

当初の議論では、科学的および商業的価値を有する深海底の遺伝資源に対する海洋の科学的調査の法的位置づけに焦点が当てられていた。しかしながら、海洋遺伝資源の研究活動が産業利用と関連するという指摘から、主に途上国を中心として、商業目的の海洋遺伝資源のアクセスに対する懸念が高まるようになった。そのような活動は「バイオプロスペクティング（bioprospecting）」と称され、非商業的性質の海洋の科学的調査とは異なる活動であるとして規制を求める声が強くなっていった。また、国連海洋法条約の法原則である人類の共同財産原則にもとづく利益配分と、生物多様性条約における遺伝資源の利用から生じる利益配分の類似性から、国家管轄権外区域の海洋遺伝資源に対しても利益配分がなされるべきという主張がされるようになった。そしてその結果、公海自由の原則にもとづく海洋遺伝資源へのアクセスおよび利用、開発の自由に対する批判が展開されるようになった。

その後、一九九五年のＣＯＰ２で要請された研究の報告書は、二〇〇三年のＳＢＳＴＴＡ８で公表された（9）。報告書は、バイオプロスペクティングを海洋の科学的調査とは異なる商業的性質の活動であると性格づけたうえで、生物多様性条約も国連海洋法条約も、そのような活動には対応していないとして、「法の欠缺」を指摘している。「法の欠缺」とは、ある問題に対して適用する法規が存在しない状態のことをいい、具体的には、法がその対応を各国の自由裁量に任せている場合と、本来的には法的規制が必要であるにもかかわらず、立法者の不作為または国家間の対立のために合意ができず、法が対応できていない場合がある。報告書のいう「法の欠缺」とは後者のことを指しており、生物多様性条約と国連海洋法条約の間の「ギャップ」を埋めるためにいずれかの条約を改正するか新しい条約を採択することを推奨している。つまり、国家管轄権外区域の海洋遺伝資源（報告書においては、とりわけ深海底の遺伝資源）に対して深海底の鉱物資源と同様に人類の共同財産原則を適用するか、生物多様性条約における遺伝資源へのアクセスと利益配分の制度を拡大適用するか、ということである。この報告書の結論は、あくまでも一つの解釈または方法論を示しただけに過ぎず、何ら法的定義や結論を導くものではないが、それでもこの報告書における結論はその後のＢＢＮＪ交渉に大きな影響を与えている。

その後、この報告書は二〇〇四年の生物多様性条約の第七回締約国会議（ＣＯＰ７）に報告されたが、国家管轄権外区域である公海や深海底における資源および活動を規律するのは主として国連海洋法条約であるという認識のもと、ＣＯＰ７は国連総会に対して当該問題の調整を要請した。これを受け、以降の海洋遺伝資源をめぐる主な議論は、国連海洋法条約に関するフォーラムに移ることになった。その主要なフォーラムが、二〇〇四年に国連総会の下に設置された「国家管轄権外区域の海洋生物多様性の保全及び持続可能な利用に関する作業部会」、いわゆる「ＢＢＮＪ作業部会」である（10）。

ＢＢＮＪ作業部会は、二〇〇六年から二〇一五年にかけて、計九回の会合が開催されており、現在のＢＢＮＪ新協定の交渉パッケージ（11）は、二〇一一年の作業部会において合意された（12）。また、今日に至る道筋を作ったのが、その翌年開催された国連持続可能な開発会議（リオ＋２０）である。リオ＋２０で採択された各国の首脳級による合意文書である「我々の望む未来（The Future We Want）」は、国家管轄権外区域の海洋生物多様性の保全と持続可能な利用の問題について「国連総会の第六九会期終了（二〇一五年九月）までに、（中略）国連海洋法条約の下に国際文書を策定することに関する決定を含め、「至急対応する」ことを国際社会に対して約束した(13)。これによって、交渉の期限と目標が設定されたことになり、その後のＢＢＮＪ作業部会における議論は、急速に「新しい法的拘束力のある文書」を作成する方向へ収束していった。その結果、二〇一五年六月に、前述の交渉パッケージを内容とするＢＢＮＪ新協定を作成することを決定する総会決議がコンセンサスで採択された(14)。言うまでもなく、総会決議がコンセンサスで採択をしたのは、「ＢＢＮＪの保全と持続可能な利用に関する法的拘束力のある文書の採択に向けた交渉を行う」ということであり、海洋遺伝資源やその他の事項について何ら具体的な合意が得られているわけではない。結局のところ、国家管轄権外区域の海洋遺伝資源へのアクセスや利益配分に関して具体的にいかなる要素を条約案に含めるかについては、条約交渉である政府間会議に先立ち設置された準備委員会へ先送りされた。

次の交渉プロセスである準備委員会は、二〇一六年三月から二〇一七年七月にかけて計四回開催されており、ＢＢＮＪ新協定の条文案に含めるべき「要素(elements)」について検討が行われた。準備委員会では、海洋遺伝資源について、利益配分の問題を含め、アクセスを規制すべきかどうか、海洋遺伝資源の性質(法的位置づけ)は何か、どのような利益を配分すべきか、知的財産権を扱うか否か、海洋遺伝資源の利用を監視するかなど、様々な論点が提起されたものの、具体的な内容については各国の意見の収れんが見られないまま議論を終えることになった。これは、冒頭でも指摘したように、海洋遺伝資源に関する問題がＢＢＮＪ新協定における「公海自由の原則」と「人類の共同財産原則」の位置づけの問題と直結するからであり、とりわけ途上国が海洋遺伝資源を人類の共同財産として位置づけることにこだわっている以上、海洋遺伝資源の利益配分とアクセス規制が前提となり、先進国と途上国との間で合意を形成するのは困難だったからである。

たとえば、海洋遺伝資源が人類の共同財産として扱われる場合、国連海洋法条約第一一部の規定に倣うならば、国家管轄権外区域の海洋遺伝資源に関する活動は、途上国の利益およびニーズに特別の考慮を払い、人類全体の利益のために実施しなければならず、また、国家管轄権外区域の海洋遺伝資源の利用や開発から得られる金銭的利益その他の経済的利益の衡平な配分を行わなければならなくなる。これに対して、公海自由の原則にもとづくのであれば、国家管轄権外区域の海洋遺伝資源へのアクセスに関しては、基本的に、国連海洋法条約の海洋環境保護や海洋の科学的調査に関する規定に合致する限り自由であり、金銭的利益等の義務的配分が前提とはならない。このように、先進国と途上国の意見は真っ向から対立している状況にある。そのため、またも実質的な議論は次の交渉プロセスである政府間会議に先送りされることになった。

二〇一八年九月から行われている政府間会議では、準備委員会がＢＢＮＪ新協定の条文案の要素について意見を収れんさせることができなかったため、まずは、さらなる議論が必要な論点を特定する作業から行われた。その結果、各論点についていくつかの要素案が示された。これを受け、政府間会議の議長は全七〇条からなるＢＢＮＪ新協定の「議長草案」を作成し、二〇一九年六月に公表した(15)。二〇一九年一一月には、政府間会議での交渉を踏まえた「改訂議長草案」も公表されている(16)。現時点（二〇二二年三月現在）では、海洋遺伝資源に関するいずれの条文案も合意がされていないことを示すブラケット（［］）が付けられているため、その内容の正確な評価をすることは困難であるが、以下では、二〇一九年一一月の改訂議長草案と二〇二〇年二月の条文別各国コメント(17)をもとに、BBNJ交渉における国家管轄権外区域の海洋遺伝資源に関する論点の分析とその評価を試みる。

アクセスをめぐる問題

現在のBBNJ新協定の改定議長草案（以下、「議長案」）における国家管轄権外区域の海洋遺伝資源に関するセクションは、「目的」（第七条）、「適用範囲」（第八条）、「国家管轄権外区域の海洋遺伝資源に関する活動」（第九条）、「国家管轄権外区域の海洋遺伝資源の収集またはアクセス」（第一〇条）、「国家管轄権外区域の海洋遺伝資源に関する先住民および地域社会の伝統的知識」（第一〇条の二）、「公正かつ衡平な利益配分」（第一一条）、「知的財産権」（第一二条）そして「監視」（第一三条）という八条構成になっている。このうちアクセスに関する問題は、とりわけ第八条の適用範囲と第一〇条のアクセス要件に関連する。なお、第一〇条の二における「国家管轄権外区域の海洋遺伝資源に関する先住民および地域社会の伝統的知識」は、国家管轄権外区域の海洋遺伝資源に関する伝統的知識が存在するか否かについて十分な議論および説明がされていないことからここでは検討しない。

適用範囲

国家管轄権外区域の海洋遺伝資源へのアクセスをめぐる問題のうち、適用範囲に関する論点は、BBNJ新協定が対象とする海洋遺伝資源とは具体的に何か、また何が適用対象外となるのかという問題である。

現在の条文案では、主に事項的範囲に焦点が当てられている。つまり「生息域内（in situ）」で収集された海洋遺伝資源に限定されるのか、ジーンバンクや研究機関で保管されている「生息域外（ex situ）」の海洋遺伝資源を含むのか、またゲノム解析の結果得られる塩基配列データなどのデジタル配列情報（ＤＳＩ：Digital Sequence Information）といった「コンピュータ上（in silico）」の海洋遺伝資源まで対象とするのか、さらには遺伝資源そのものではない酵素などの生化学物質といった「派生物（derivatives）」も対象とするのかで意見が対立している。

この点、基本的に先進国は、ＢＢＮＪ新協定の規制対象が際限なく広がることで科学的調査などの正当な活動が制限されることを避けるため、新協定が発効した後に生息域内で収集された海洋遺伝資源に限定することを主張している（たとえば、ＥＵや米国）。これに対して途上国は、生息域外やコンピュータ上の海洋遺伝資源やその派生物、場合によっては生物資源である魚類、さらには新協定の発効前に収集された域外保全の海洋遺伝資源やそのデジタル配列情報なども対象とするよう主張している。

アクセス要件

アクセスに関するもう一つの論点は、アクセスに際しての手続き要件であり、事前または事後の対応の有無のことをいう。

現在の条文案では、大きく分けて二つの提案があり、一つが事前および／または事後の「通知

(notification)」、もう一つがアクセスに関する「許可(permit)」または「ライセンス(licence)」の取得である。前者は、国連海洋法条約でいうところの、沿岸国の管轄水域で実施する海洋の科学的調査に対して課される情報提供義務のようなものである。他方で後者の方は、深海底の鉱物資源の探査や開発に課される要件と類似しており、新協定の下で設置される権限当局の許認可を得てからではなければ国家管轄権外区域の海洋遺伝資源を取得できないということを意味し、そうでない場合は国際法上の違法行為を構成することになる。これは、国家管轄権外区域の海洋遺伝資源が人類の共同財産であるということも示唆する。

これらの提案に対して、基本的に先進国は前者の提案を支持しているが、ＥＵは生物多様性条約における制度と同様に、ＢＢＮＪ新協定において新しく設置されるクリアリングハウスメカニズムへの通知を提案している。他方で、米国はそれらの通知も不要という立場をとっている。途上国は後者の許認可制度の導入を支持しているが、利益配分の観点から途上国側の科学者の調査活動への参加などのため、海洋遺伝資源のアクセスに関する活動の事前の通知についても支持をしている。

また条文案では、これらの手続き要件の実施を確保するため、締約国に対して、適宜、必要な立法上、行政上または政策上の措置をとることを義務づける提案も出されており、内容によっては、国家管轄権外区域の海洋遺伝資源へのアクセス、つまり公海や深海底の海洋の科学的調査活動に対する国内法による規制が義務となる可能性がある。

利益配分をめぐる問題

次に、ＢＢＮＪ交渉の核心ともいえる海洋遺伝資源の利益配分に関する論点について説明する。なお、利益配分に関連する論点の一つに知的財産権、とりわけ特許権の問題があるが、現状、ＢＢＮＪ新協定の諸条件に従わない場合は知的財産権の申請が承認されてはならないことを国内法で確保するよう要請する途上国と、フォーラムが異なるとして新協定の対象外であると主張する先進国との間で議論は平行線となっており、議論に進展がないためここでは検討しない。

知的財産権を除くＢＢＮＪ新協定における利益配分に関する論点は、大きく分けて三つある。一つが、利益配分の性質が義務的なものか任意のものか、もう一つが、配分される利益の種類が金銭的利益か非金銭的利益か、いずれかもか、非金銭的利益とは具体的にどのようなものか、そして三つ目が、その利益配分のメカニズムである。一つ目の論点に関連して、現状、交渉においてほとんどの国は海洋遺伝資源の「利益配分」そのものには賛成をしているが、義務的なものかどうかを含め、その配分すべき利益がどの範囲か、どの程度かをめぐり各国の意見が対立している。

たとえば、途上国グループは最大限の範囲の利益を、途上国に優遇する形で、強制的に配分することを主張している。そのため、派生物を含め、生息域内、域外保全、コンピュータ上の海洋遺伝資源の収集、アクセス、利用さらにはその後の商業化を含め、あらゆる段階において生じる金銭的利益および非金銭的利益を、途上国の特別の要望を考慮し、公正かつ衡平に配分しなければならないと主張する。そのため、海洋遺伝資源の利用の「監視（monitoring）」制度の導入も主張しており、ＢＢＮＪ新協定の下で新しく設置される「締約国会議（COP.:Conference of Parties）が採択する手続きにもとづき、同じく新しく設置される「科学技術機関（scientific and technical body）」がその判断機関としての役割を担うという。

これに対して先進国の場合、たとえばＥＵは、国家管轄権外区域の海洋遺伝資源の収集に関する利益の配分が確保されるよう、クリアリングハウスメカニズを活用してその関連情報（海洋の科学的調査の場合と同様に、国家管轄権外区域の海洋遺伝資源の収集に関する計画の目的や性質、使用される手段、計画が実施される正確な地理的区域など）を管理することを提案している。したがって、ＥＵは利用の監視ではなく、クリアリングハウスメカニズムを活用した、利益配分の透明性（transparency）の確保のための制度を導入することを提案している。これに対して米国などは、国家管轄権外区域の海洋遺伝資源のサンプルへのアクセスをはじめとして、調査活動に関する情報の共有のほか、任意で実施される海洋技術移転や能力構築などについては支持をするものの、それらの監視については反対をしている。先進国に共通するのは、非金銭的利益の配分については支持をしているものの、義務的な金銭的利益の配分については反対をしているという点である。

留意すべきは、これらの利益配分にかかる手続きや遵守・不遵守の判断機関として、ＢＢＮＪ新協定の下で新しく設置される締約国会議が提案されている点である。手続き規則の内容にもよるが、基本的に、締約国会議の決定は締約国間の多数決によって議決が決まる政治的判断であって、必ずしも客観的な法的および科学的基準にもとづく意思決定がされるわけではない。ＢＢＮＪ新協定では、それらの科学的評価をする複数の分野の専門家により構成される科学技術機関を設置するという提案もされているが、あくまでも締約国会議の補助機関であって、気候変動に関する政府間パネル（ＩＰＣＣ）や生物多様性および生態系サービスに関する政府間科学政策プラットフォーム（ＩＰＢＥＳ）のような、世界中の科学的知見を集約するような機能はない。また、そのような機関が、綿密な計画のもとで時期を指定して行われている海洋の科学的調査やその研究活動につき、時宜を得た判断をすることは不可能である。その意味で、海洋遺伝資源に関する調査活動やその利用の監視を条約機関で管理するのは実効性に欠けるといわざるをえない。

おわりに――評価と今後の展望

以上、国家管轄権外区域の海洋遺伝資源をめぐる論点を、議論経緯や外交交渉の内容を中心に解説してきた。

現在のＢＢＮＪ新協定の条文案を見ても分かるように、ほとんどの提案は、海洋遺伝資源をめぐる調査や研究、利活用に関する科学的および商業的実態を反映しておらず、法的にも実施・確保が困難な内容となっている。その一例として、海洋遺伝資源に対する過度な金銭的利益の期待がある。ＢＢＮＪ交渉では、とりわけ途上国を中心として、知的財産権、とりわけ特許権を規制対象とする主張がされているが、今日、学術研究においても研究成果に対して特許を取得することは自然なことであり、また、特許の取得が必ずしも商業開発に結びつくわけではない。

たしかに、海洋バイオテクノロジー産業の市場規模は大きく、海洋生物由来の医薬品が開発された場合には莫大な利益が生じうる。しかしながら、一つの医薬品の開発には、十年以上の開発期間、その間の投資も一〇億米ドル以上となることもあり、必ずしも海洋遺伝資源が深海底の鉱物資源のように約束された利益を生み出すわけではない。さらに、既に指摘したように、今日における海洋遺伝資源の開発例は、基本的に沿岸域または排他的経済水域内において発見された生物・微生物に由来するものであり、国家管轄権外区域の海洋遺伝資源の例も皆無ではないが、商業的開発が大規模組織的に行われているという例はなく、仮に何らかの製品開発があったとしても国家管轄権外区域の海洋遺伝資源がその製品化にどの程度貢献したのかは不明である。

今日、海洋に関する生物学または生物工学といった生命科学の分野において、海洋生物の遺伝情報の解析や産業上の有用物質の発見を目的とする研究は主流となっており、そのためさまざまな生物・微生物のゲノム情報や遺伝子の解析は欠かせない。したがって、ＢＢＮＪ新協定が海洋の科学的調査を容易にしかつ促進すると定める一方で、海洋遺伝資源の収集・アクセスを規制、とりわけ海洋遺伝資源のデジタル配列情報を規制対象とすることは法的に矛盾しており、科学研究の実態にも反する。

このような矛盾・問題の背景には、国家管轄権外区域の海洋遺伝資源に関する議論が、生物多様性条約の文脈に過度に依拠していることが原因と考えられる。ＢＢＮＪ交渉において常に留意しなければならないのは、「国家の管轄権が及ばない区域」の法的意味であり、領域主権または主権的権利にもとづく生物多様性条約や名古屋議定書の規制とは法的根拠が異なるという点である。つまり、国家の天然資源に対する主権的権利にもとづくアクセス規制と、そのアクセスに対する対価としての利益配分という、遺伝資源の利用者と提供者間の権利義務のバランスを図ることを目的とした生物多様性条約や名古屋議定書の法理は、国家の主権および主権的権利の行使が認められない国家管轄権外区域に対して機械的に適用することはできないということである。

このため、特に途上国グループは、人類の共同財産原則を引き合いに出し、国家管轄権外区域の海洋遺伝資源に関する利益配分を義務化しようとしているものと考えられる。しかしながら、これも既に多方面から指摘されているように、国家管轄権外区域の海洋遺伝資源の利益配分の義務化に必ずしも人類の共同財産原則は必要ない。単に新たな義務として利益配分を定立すれば良いだけである（その義務に相応の正統性と根拠があり、実効的な制度にもとづいて利益配分が確保されるかは別の問題である）。安易に人類の共同財産原則に関連づけることは、既存の深海底の鉱物資源制度との関連から法的確実性や明確性に関する様々な問題を引き起こす可能性があり、むしろ利益配分を阻害する要因にもなりかねない。

これらのことを総合的に勘案すれば、今後のＢＢＮＪ交渉における国家管轄権外区域の海洋遺伝資源に関する議論で必要なのは、可及的速やかに、条約交渉プロセスの一環として、海洋遺伝資源に関する科学・技術専門家や企業代表らによる情報提供および議論の場を設けることであろう。これもしばしば指摘されることだが、各国の条約交渉担当者は科学の専門家ではなく、商業的知見を有するわけでもない。外交交渉は基本的に政治的判断で決定がされ、必ずしも科学的および法的論理に裏打ちされた議論が進展するわけではない。今後の交渉においては、議論の実質的進展や最終的に採択されるＢＢＮＪ新協定の普遍的参加と実効性を確保するため、国家管轄権外区域の海洋遺伝資源をめぐる研究開発の実態を反映させるプロセスを設けることが不可欠であると思われる。

（1）UNU-IAS, 2005, Bioprospecting of Genetic Resources in the Deep Seabed: Scientific, Legal and Policy Aspects (UNU): 27.

（2）巌佐庸ほか編　二〇一三『岩波 生物学辞典 第五版』岩波書店：七九

（3）Lyle Glowka, Françoise Burhenne-Guilmin and Hugh Synge, 1994, *A Guide to the Convention on Biological Diversity*, IUCN, : 21-22.

（4）たとえば、日本・欧州・米国の研究機関によって共同管理されている「国際塩基配列データベース（INSD）」など。

（5）海洋調査船の一日当たりの経費は、燃料代や船員等の人件費込みで約三万米ドルから六万米ドル、深海探査機や潜水調査船の一潜航（一日）当たりの経費は、減価償却費込みで、無人機で約二万米ドル、有人船で約四万米ドルから一〇万米ドルが見込まれる。

（6）United Nations 2017, *The First Global Integrated Marine Assessment: World Ocean Assessment I*, Cambridge University Press: 454-455.

（7）Lyle Glowka in collaboration with Joy Hyvarinen 1995, *The Deepest of Ironies: Genetic Resources, Marine Scientific Research and the International Deep Sea-bed Area*, A paper distributed for comment and discussion at the First Meeting of the Subsidiary Body on Scientific, Technical and Technological Advice of the Convention on Biological Diversity, Paris, 4 September 1995 (revised). 同内容は、Lyle Glowka 1996, "The Deepest of Ironies: Genetic Resources, Marine Scientific Research and the Area," *Ocean Yearbook*,

12: 154-178.

（８）CBD COP Decision II/10 (30 November 1995), para.12.

（９）UNEP/CBD/SBSTTA/8/INF/3/Rev.1 (22 February 2003).

（10）国連総会決議 A/RES/59/24 (17 November 2004).

（11）海洋遺伝資源（利益配分の問題を含む）、区域型管理ツールのような措置（海洋保護区を含む）、環境影響評価、能力構築および海洋技術移転について、一体かつ全体として検討すること。

（12）国連総会決議 A/RES/66/231 (24 December 2011), Annex, para. (b).

（13）国連総会決議 A/RES/66/288 (27 July 2012), Annex, para.162.

（14）国連総会決議 A/RES/69/292 (19 June 2015), para. 1.

（15）A/CONF.232/2019/6.

（16）A/CONF.232/2020/3.

（17）A/CONF.232/2022/INF.1.

参考文献

坂元茂樹・薬師寺公夫・植木俊哉・西本健太郎編　二〇二二『国家管轄権外区域に関する海洋法の新展開（現代海洋法の潮流 第四巻）』有信堂高文社（特に、第五章（佐俣論文）、第六章（本田論文）、第七章（西村論文）参照）

濵本正太郎　二〇一八「国連海洋法条約とＢＢＮＪ―海洋遺伝資源利益配分に関する制度構想」『国際問題』六七四号：三八―四六。

Broggiato, Arianna *et al.* 2018, “Mare Geneticum: Balancing Governance of Marine Genetic Resources in International Waters”, *International Journal of Marine and Coastal Law*, 33: 3-33.

United Nations 2017, *The First Global Integrated Marine Assessment: World Ocean Assessment I*, Cambridge University Press: 451-470.

3　区域型管理ツールの活用のために

漁業における区域型管理と魚種別管理

八木信行

区域型管理は、英語の「Area-based Management」を日本語に直訳した言葉である。多くの日本人にとって耳慣れない言葉ではあるが、内容自体は日本人が昔から沿岸海域で実践してきた漁場の管理に通じている。

日本の沿岸海域では、漁業権による漁場管理が伝統的に行われてきた。すなわち、沿岸域で海域を区切り、そこの海域の中で漁業資源を漁獲できる人間を限定してフリーアクセスを防止する、これにより漁場の競合や資源の過剰利用を回避する、という管理手法である。つまり場所を重視した管理の手法である。日本は魚食文化を有しており、古くから海はオカズ捕りの場所で、漁場の競合や過当競争などで生じる紛争を解決する必要に迫られていた。よって外部から遵守状況が見えやすいように場所を区切って管理することで、調整を達成する手法が発達したのだろう。由来はどうあれ、内容的には今でいう「区域型管理」といえる。

また日本の区域型管理には、海だけを注視せず陸まで視野を広げているところにもう一つの特徴がある。魚付林《うおつきりん》という言葉があるように、海岸近くの森林は魚を寄せるという伝承に従って海岸林を守ってきた地域も多い。海域だけでなく、陸まで含んだ広範囲な森川海の物質循環のプロセス全体を保全する伝統的な知恵といえる。個別の生物種に着目した保全というよりも、環境全体に着目した保全の発想が強く打ち出されている。

これに対し欧米では、日本式の漁業権は見られない。ヨーロッパは基本的に畜産国であるため、南欧を除いて魚食文化よりも肉食文化が発達している。よって魚はそれほど食料として重視されていなかった。アメリカでも、一八世紀頃まではヨーロッパからの入植者が一冬を越すための非常用の食料源として、つまり農作物や家畜が育つまでのつなぎ役として、水産物を消費していたような状況であったとされる（1）。日本のように日々のオカズを捕るために住民が経常的に海に出て岩場のタコやイカ、貝、海藻類などを競って漁獲する状況ではなかった。白身魚などは欧米でも食用としていたが、これらは回遊性の資源であるため、沿岸で小さな海域を区切った管理ではそれほど保全効果は期待できない。よって漁業権を成立させる必要性も小さかったのであろう。その後、航海技術や漁獲技術が発達した二〇世紀初頭代頃になって、ハリバット（オヒョウ）など商業的な価値がある魚種の過剰漁獲を避ける意味で漁業管理が議論されだした。漁業管理が本格化したのは、アメリカでは一八九五年のウッズホール研究所の設立、またヨーロッパでは一九〇二年のＩＣＥＳ（International Council for the Exploration of the Sea）設立以降とされる（2）。

また管理手法も、個別の生物種に注目し、この生息数を管理する発想が強く打ち出された。これは、アメリカウッズホール研究所設立の立て役者となったスペンサー・ベアードが動物学者であったことからくる流れであるようにも思われる。

そもそも、水産資源に関して何らかの新しい配分ルールを導入しようとすれば、①船の隻数やトン数などの漁獲能力を配分する方式、②漁場を配分する方式、③漁獲枠を配分する方式、④これらを組み合わせた方式、など何種類かが思いつく。しかし①の隻数やトン数を配分する方式では、航海漁労技術の発展とともに配分が大きくなってしまう問題（いわゆるTechnical creep）が生じるため、時間が経つと過剰漁獲のリスクが増える。また②の漁場を配分する方式では、定着性の水産物は対応できるが回遊魚などにはうまく対応できないケースが出ること、また島の帰属などで係争が存在する場合にはこれに関連する漁場の帰属などでも当事国の間で合意形成ができないなどの課題が発生する。これに対して③の漁獲枠配分方式では、これらの課題が回避できる。またそれだけでなく、漁獲量は水揚げの港でモニタリングできる特性があるため、海上で監視取締ができない場合でもある程度の実効性は確保できる。現在における国際的な資源管理で③の方式が一般化している背景には、こういった理由が存在しているといえるだろう。

いずれにせよ、歴史的な経緯を見ると、欧米における漁業の管理は漁獲対象種の管理が主体となっており、区域型の管理は存在しないか、または存在していても補足的な手段といった扱いであった。そして、この状況が現在でもマグロ管理機関などを含めた各種ＲＦＭＯ（Regional Fisheries Management Organization：地域漁業管理機関）などで続いている。海洋の区域型管理は、欧米にとっては比較的新しいアプローチといえる一方で、日本としては昔から慣れた手法といってよい。

海洋保護区をめぐる国際的な議論の高まり

区域型管理の一つである海洋保護区は、国際的には一九九〇年代から議論が本格化した。一九九二年に開催された「国連環境開発会議」（ＵＮＣＥＤ、「地球サミット」）では環境分野での国際的な取組みに関する行動計画である「アジェンダ２１」を採択した。沿岸国は海洋生物多様性の維持などを行うことが求められ、この手段の一つとして海洋保護区の設置と管理にも言及がなされている（３）。

また一〇年後の二〇〇二年に開催された「持続可能な開発に関する世界首脳会議」（ＷＳＳＤ、ヨハネスブルグサミット）においては、海洋の管理と保全に関する多様なアプローチの一つとして、海洋保護区の設置と二〇一二年までのネットワーク化が書き込まれている（４）。二〇一二年までの海洋・沿岸保護地域のネットワーク構築を求めることは、二〇〇三年に主要国首脳が集まって開催されたエビアン・サミット（Ｇ８）でも追認された。

加えて二〇〇五年国連食糧農業機関（ＦＡＯ）第二六回水産委員会では、ＦＡＯにおいて海洋保護区に関する技術的ガイドラインを策定する旨を決定し、この動きを奨励する趣旨が国連総会決議としても採択された（５）。国際海事機関（ＩＭＯ）でも特別敏感海域（ＰＳＳＡ：Particularly Sensitive Sea Area）指定制度を作り、一九九〇年代からグレートバリアリーフ（オーストラリア）などが指定された（６）。

生物多様性条約（ＣＢＤ）における締約国会合では、二〇〇二年の第六回締約国会議（ＣＯＰ６）で二〇一〇年目標を合意し、海洋及び沿岸生態域の少なくとも一〇％が効果的に保全されていること、とされた。しかしながらこの目標値は二〇一〇年までに達成されず、同年に開催された同条約ＣＯＰ１０で、「少なくとも二〇二〇年までに、陸上と陸水域の一七％、沿岸と海洋の一〇％を、保護区や他の効果的な保全手段によって有効かつ公平に保全する」との文章が合意された（7）。なお、筆者は二〇一〇年に名古屋で開催された同条約ＣＯＰ１０に出席していたが、ここでは「沿岸と海洋の一〇％」の母数が海洋全体なのか、または各国の排他的経済水域なのか、もしくは各国の領海なのかについて最後までコンセンサスが醸成できず、何の一〇％を保全するのかは敢えて明確化せずに愛知目標のテキスト合意に至った点を確認している。交渉最終日に時間切れとなる中ではやむを得ない状況があったこと、またＣＢＤにおける一〇％目標に法的拘束力はなく任意の措置であり、守っていなくても国際裁判などにはならないため厳密な定義までは特に不要、などとその場の参加者が常識的に考えて判断したように感じられた。

続いて二〇一五年九月、「国連持続可能な開発サミット」において採択された「持続可能な開発目標（ＳＤＧｓ）」の中にも海洋保護区に関する記述が存在し、「少なくとも沿岸域及び海域の一〇パーセントを保全する」とされている（8）。

更に最近では、生物多様性条約において二〇二〇年以降の目標（すなわち二〇三〇年の目標）をＣＯＰ１５で採択できるよう議論が進んでおり、その二〇二一年に公表された原案においては「陸域と海域の少なくとも三〇％を保護区（Protected Areas）とするか、その他の効果的な保全区域（Other Effective Area-based Conservation Measures）とすることで保全する」との記述が存在している（9）。

公海域の海洋保護区に関する交渉の経緯と現状

生物多様性条約では、国の管轄権の中に存在する生物多様性（areas within the limits of its national jurisdiction）については条約の適用を受けるが、その外に存在する生物多様性は条約の適用を受けない。海洋では国の管轄権が及ぶ範囲は通常沖合二〇〇カイリまでである。これは、国連海洋法条約において、岸から一二カイリまでを領海(10)、岸から通常二〇〇カイリまでを排他的経済水域とし(11)、沿岸国は前者では陸地の延長と同じく主権を持ち、後者では（主権は持たないものの）漁業資源や他の資源を管理する権利などを有する(12)、と記載されていることによる。

排他的経済水域の外側は公海と呼ばれ、漁業などは自由に行えるという公海自由の原則が存在する(13)。しかしながら、公海域といっても様々な規制が存在し、漁業を管理する国際条約などが国連海洋法条約とは別に複数存在している。日本は多くの漁業条約に加盟しているため、ここで決定される国際約束（クロマグロの漁獲量制限など）は、公海であっても守る必要がある。

この状況下で、公海域で海洋保護区を設置しようとするアジェンダを一部に含む交渉、いわゆるＢＢＮＪ交渉が国連で始まった。ＢＢＮＪとは、国家管轄権外区域における海洋生物多様性（Marine Biological Diversity of Areas Beyond National Jurisdiction）をさす。国連では二〇〇三年頃から新しい国際条約を策定する議論があり、二〇〇六年からワーキンググループを作り議論することになった。二〇一四年までは、条約策定を目的とした交渉ではなく、条約策定の交渉に進むのか否かなどを議論していた状態であったが、二〇一五年国連決議で条約策定のための交渉に進むことが決定し（14）、その準備委員会を二〇一六年に二回、二〇一七年に二回行った。そして二〇一八年からは政府間交渉が開始され、二〇一八年九月にその第一回会合が、二〇一九年三月から四月にかけて第二回会合が、また二〇一九年八月に第三回会合がそれぞれ開催された。その後コロナ禍により会合開催は延期されたものの、二〇二二年三月に第四回会合が開催された。この会合では、条約のテキスト案は提示されたものの、合意には至っていない。途上国と先進国の立場の隔たりは大きく、合意は簡単ではないとの意見は多い。一方で、各国とも交渉疲れからそろそろ妥協モードになるとの見方もある。いずれにせよ、ＢＢＮＪ交渉は、地球温暖化や海洋プラスチック汚染などの地球規模の他の問題と同様に、合意形成が難航している例といえる。

ＢＢＮＪをめぐる交渉課題の内容

ＢＢＮＪでの交渉課題は四つ存在しており、一つは「海洋遺伝資源（利益配分を含む）」、二つめは「区域型管理ツール等の措置（海洋保護区を含む）」、三つめは「環境影響評価」、四つめは「能力構築及び海洋技術移転」である。この四つの課題に対応すべきとの点は、二〇一一年から合意が存在し（15）、二〇一五年（16）と二〇一七年（17）にも再確認されているため、この中から課題を削減する、または新しい課題を追加することが簡単にできないように政府間交渉開始（二〇一八年）の前から固められていた。

図1　国連 BBNJ 政府間交渉の様子（2018 年 9 月筆者撮影）

海洋保護区は二つめの交渉課題の一部になっている。「区域型管理」という訳語は分かりにくいが、冒頭に述べたとおり英語は「Area-based Management」である。ここに海洋保護区も含まれている。環境保護派が多いＥＵなどは海洋保護区の推進勢力である。また途上国は公海で操業する大型漁船を有する国は少ないので公海における海洋保護区の設定などには概ね賛成している。実際、ＥＵや島嶼国の途上国は保護区を国連ＢＢＮＪの枠組みで設立できるように主張している。途上国の中でも特に島嶼国は、監視取締能力が脆弱であるため、外国の大型漁船が自国の二〇〇カイリのギリギリまで来て操業しても細かいモニタリング作業などを行うことは難しい。いっそのこと自国二〇〇カイリ近辺の公海を海洋保護区として操業禁止にしたい、と内心考えていても不思議ではない。また公海の資源を、一部の国だけが漁獲している現状を不公平と見ていても不思議ではない。ただし途上国の中でも中国など公海漁業に進出している国は最終的に保護区設定には反対に回るのではないかとの見方もあり、途上国が一枚岩との状況とは必ずしもいえないだろう。

一方でロシアやアイスランドなどの漁業国は、国連がトップダウン的に海洋保護区の設定を行えるような仕組みを作ることには慎重である。彼らの主張は、既存の漁業機関等は保護区を含めたルールを定めているので、国連はそれらに干渉するべきではないとの趣旨である。アメリカや日本もこの立場に近く、既存の漁業条約と整合性を持たない規制が国連で簡単に導入されるような仕組みにならないよう、交渉でも慎重な姿勢を見せている。またこれら先進国では、漁業機関等への分担金支払いも多額であるため、行政コストを考えると、屋上屋を架すべきではないと交渉者が内心考えていても不思議ではない。

ただし同じ先進国でも、交渉に参加する政府代表団の外部、すなわちＮＧＯに目を向けると、彼らにとっては行政コストの増加などはさしたる関心事項ではない。海洋保護の度合いが高まればそれでよく、規制のコスト・ベネフィットなどを考慮するのは自分たちの役目ではないと内心考えていても不思議ではない。ＮＧＯによる国内発言力が強い国の場合、保護区設定が国連で行いやすくなるような新ルールについて、最終的には賛成に回る素地もある。

以上、賛成派・反対派の双方ともに不確定な要因が複数存在しており、交渉がまとまるかどうか、また最終的にどのような着地点になるのか、現時点でも明確には見通せない状況がある。

公海に海洋保護区を作るインセンティブはあるのか

規制のコスト・ベネフィットについて、コスト面については行政コストだけではなく、漁業者なども操業場所を失って機会費用が発生するが、それに見合うベネフィット、つまり便益が存在するかどうか、更に議論を続けたい。

公海の海洋保護区設置による便益を議論する前に、そもそも沿岸域では海洋保護区にどのような便益が存在するのかを概観する。

筆者らが二〇〇九年から一〇年にかけて日本国内で調査をした結果、自然環境保護法や水産資源保護法に基づく地区、漁業法の枠組みの中で漁業者が自主的に設定する禁漁区など、海洋保護区と呼べる地域は全国で一一〇〇カ所以上存在することが分かった(18)。このうち三〇〇カ所以上は漁業者の自主的な管理の枠組みであり、また漁業者の自主的な管理が基となって都道府県調整規則として認められたと思われる禁漁区も六〇〇カ所以上存在していた(19)。中には江戸時代以前から存続してきたと思われる場所もある。何らかの利益がなければこのような仕組みは続かない。

歴史的に日本では、沿岸の漁業者が集落の周囲の沿岸海域を、自主的に、または政府と共同で、管理し保全してきた。冒頭にも触れたが、畜産が発達し肉食文化を有する欧米と異なり日本は魚食国であったため(20)、沿岸における漁業の歴史は長い。すでに江戸時代には一部で漁業者の数が飽和状態になり、魚の捕りすぎを避けるための調整が行われていた。例えば文化一三年（一八一六年）六月には江戸湾の四四の漁村が参加し、既存の三八漁法以外の新規漁法の導入禁止などが合意された議定書が残っている(21)。つまりこの時代から海や沿岸域を、漁業者と地元住民が管理・保護する管理の仕組みがあったといえる。

現在の令和における漁業権も、江戸以前から続いてきた管理の延長線上に存在する。今では漁業権は都道府県知事から免許される形式になっているが、免許を受けた漁業協同組合などが責任を持って漁場などを管理している点、その際に多くの利害関係者が保護区を含めた漁場の管理や利用に協力的になれるよう、地元の人々の意見や要望を吸い上げ、合意を取っていく特徴がある点など、江戸時代からの延長線上で運営がなされている部分も多い。

欧米で保護区といえば、人が居住する場所から遠く離れた原生的な場所で、人間と切り離された存在と捉えられがちである。よって人間が手を加えない場所こそが保護区であると捉える傾向もある。これに対し日本では、海洋保護区は漁業権の中の管理手法の一つとして始まった性格があり、保護のための保護ではないとの特徴がある。これは陸上でも同様である。日本では里山の発想で、山を原生状態の手つかずの状態で維持するのでなく、人間が積極的に関与する行為も重要視されている。人間は環境と切り離された存在ではなく、環境の中にその一部として存在し、環境と共生して生きる存在である、との認識がその背後にあると考えられる。

監視やモニタリングなどの管理行為をすることが前提になっているため、日本の海洋保護区は一辺が数百メートルから数キロ程度であり、海外の保護区と比較すれば一つ一つの規模はかなり小さい。例えばアメリカが北西ハワイ諸島に設置した保護区であるパパハナウモクアケア海洋ナショナル・モ

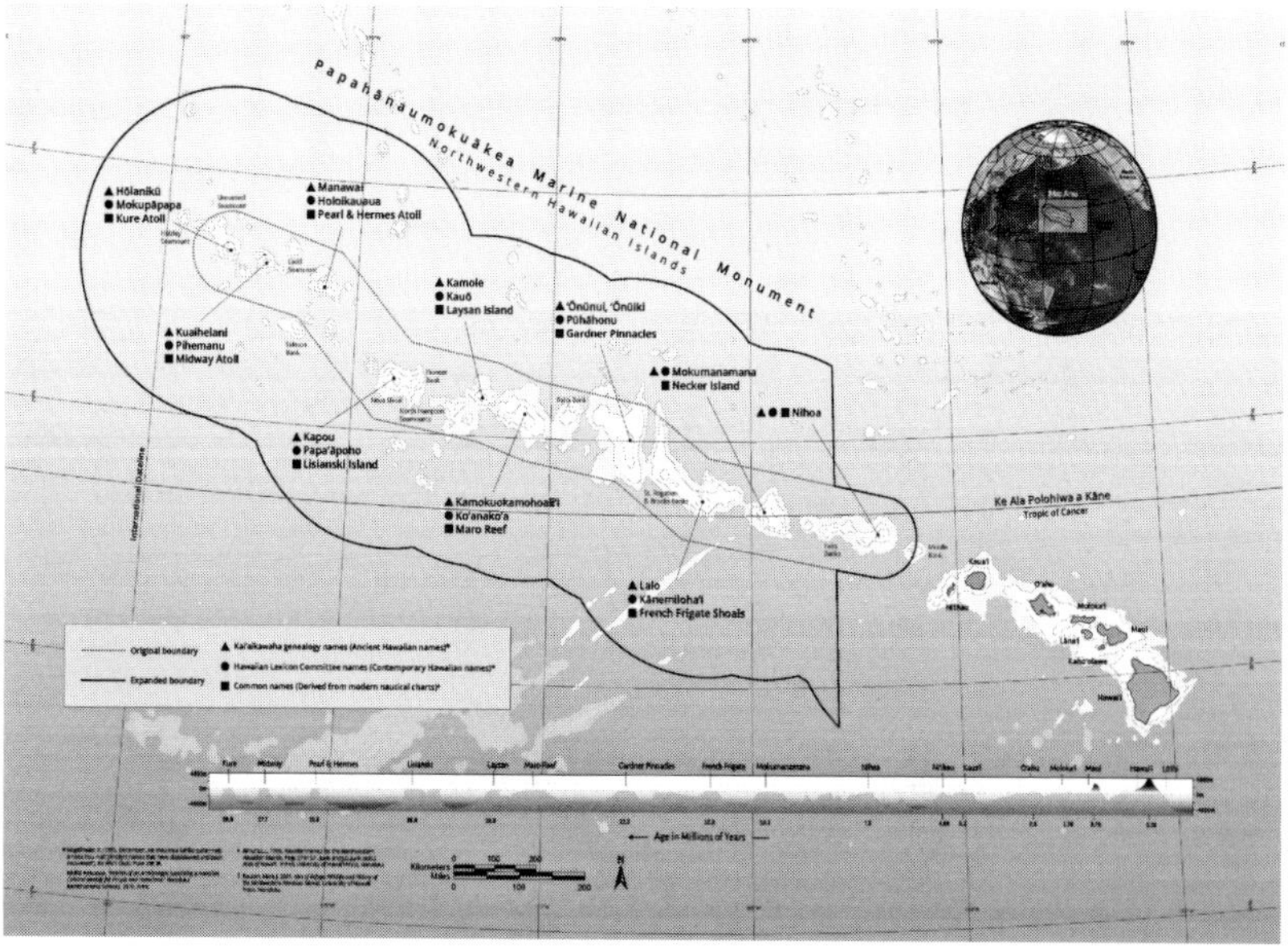

図１　北西ハワイ諸島の海洋保護区パパハナウモクアケア海洋ナショナル・モニュメントの広大な海域（出典：https://marinedebris.noaa.gov/images/papah-naumoku-kea-marine-national-monument、Credit: NOAA）

ニュメントは面積約一五一万平方キロ（22）、またオーストラリアが保護するグレート・バリア・リーフは面積約三四万平方キロ（23）と、日本の本州がすっぽり入る規模であり、日本の里山里海的な保護区と比較すると格段に大きい。しかし保護区は面積の問題だけでは語れない。保護区を設置したものの監視などが不十分で違反行為が横行している状態の保護区を、ペーパー保護区（書類上だけは保護区）と呼ぶことがある。保護区の面積が小さくても、関係者が協力して維持管理できることを重視した設定になっている保護区は、ペーパー保護区になるリスクを減らす意味も存在している。保護区を語る際には、管理がしやすい体制なのかどうか、つまり人間側の要件がどうなのかについても、自然側の要件と同様に重視されるべきであろう。

日本における海洋保護区が監視やモニタリングを行う前提で設置されているのは、漁業管理の延長線上にこれらが存在しているためである。漁業管理を行えば、資源の枯渇を防ぎ、長期にわたり持続可能な資源利用ができるとの点でインセンティブが存在している。海洋保護区の場合も設置に見合う便益が存在しているため、コスト負担がなされていると見てよい。例えば保護区を監視しモニタリングするためには、日当などのコストが発生する。具体的な支払いがなく無給であっても、その間に別の労働で得られる収入の機会がなくなるため、機会費用というコストが発生している。このコストに見合うだけの効果が期待できなければ仕組みは長続きしない。江戸時代から二〇〇年近く続く保護区が存在している点を見ても、コストとベネフィットは釣り合っている場所は相当数あると考えられる。

それではグローバルな海洋保護区はどうなるのかを考えてみたい。そもそも国連海洋法条約では、公海自由の原則が存在し（第八七条）、いかなる国も公海の主権を主張してはならない（第八九条）ルールになっている。航行などは自由にできる状態であり、その公海に保護区を設置する合意が国際的になされても、国際的な監視も難しい。国際監視が難しい場合は、漁業の当事者が規制に理解を示して協力してくれることに頼る部分も多くなる。しかし、結論からいえば当事者にとってのベネフィットはないため、規制が破られる可能性が強いといえるだろう。公海域の海洋保護区は利用を前提とした保護というよりも、保護のための保護になりがちであるためだ。保護のための保護では漁業者に直接の便益はない。よって漁業の当事者からの協力も得にくい。

便益や効用を見越した功利主義的な発想ではなく、公海の自然環境は人類共同のかけがえのない財産として損得勘定抜きで守ろう、と号令をかけることはできる。実際、ＢＢＮＪ交渉の議論においては、一部の途上国が公海の生物資源を「Common Heritage of Mankind（人類の共同の財産）」であると主張している。

ただし「人類の共同の財産」との言葉は国連海洋法条約では深海底とその鉱物資源に限定して使用されている（第一三六条）にすぎず、国連海洋法条約の枠の中でＢＢＮＪが議論されている以上は、交渉で海洋生物資源が「人類の共同の財産」と合意される可能性はほとんどゼロといってよいだろう。普通に考えても、海底鉱物資源は何世代にもわたり同じ姿で不動であるため財産として扱うことに違和感はないが、海を広く回遊するサンマやイカなど動的な対象を人類の共同財産とできるのかは疑問が生じる。イカの寿命は一年、サンマも二年弱で、財産として次世代に相続しようにも水産資源の個体レベルでは同じものではないし、全体としての資源量も時間を追って変動するため、何がどう財産になるのか文章化も難しいように思える。陸上でも、土地そのものは財産として相続の対象となるが、その上を自由に移動するイノシシやシカは財産でもないし登記対象でもない。

また、人類の共同の財産を主張する途上国の考えの裏に見え隠れしている発想には、もし先進国が公海から利益を得れば途上国にも一部を配分すべきとの趣旨も含まれている。便益や効用を見越した功利主義的な発想から全く離れて保護を訴えている、といった背景だけではない。

この議論をしていると、そもそも環境は誰のものなのかとの論点に行き着いてしまう。仮に世界人類のものであれば、その保全のコストは世界の人類が責務として負担すべき話であり、一部の漁業者だけが負担する話にはなりにくい。そして現在のＢＢＮＪなどの議論では、この点まで含めた深い議論がなされているわけではない。また仮に議論を始めたとしても、人間の規範的な行動原理はどうあるべきかなどの話になり、国連海洋法条約の範疇を大きく超えてしまうし、そもそも議論が分かれる哲学的な課題を含むため、外交交渉ですぐに決着はできないだろう。

以上から考えれば、グローバルな海洋保護区を現下の状況で設置するといっても、現場での管理には困難が生じ、仮に国際条約ができても、誰も管理活動に参加しないようなペーパー保護区になりかねない。

ただし公海に設置した保護区であっても、一部の漁業当事者が保護の便益を享受できる特殊なケースも想定できる。それは沿岸国の排他的経済水域のすぐ外側の海域を保護区とし、保全された生物資源が沿岸国の水域に回遊し沿岸国に利益をもたらす想定になる場合である。このケースでは沿岸国に監視やモニタリングの権限を与えることができれば、一応の管理ができる可能性は出てくる。

いずれにせよ、公海に海洋保護区を作るインセンティブはあるのかを吟味することで、保護区が実質的な保護区となるのか、またはペーパー保護区になるのかについてある程度見通しが得られるだろう。

国際合意の意外な脆弱性

ここまで、仮にＢＢＮＪに関する法的拘束力がある国際条約ができても、遠洋漁業国やその漁業者などの当事者が規制内容に納得しない限り、規制は遵守されずにペーパー保護区になりかねない点を述べた。国際合意は無条件で守らなければならないと思っている読者層にとっては違和感のある論述であったと思われる。

ただし国際社会の実態としては、むしろ国際合意は守りたい国が守っているだけ、といった見方もできる。そもそも国際条約には、国内の法律とは全く異なる性質が存在すると筆者は考えている。国内の法律の場合は、国民は一律にこれを遵守する必要があり、国民一人一人が法律を勝手に取捨選択して、遵守するものとしないものを自分でより分ける自由はない。しかし国際条約ではこれができるようになっている。つまり各国が自国の判断で参加したい条約を自由に決めることができる。条約に参加したくなければ参加見送りを決め込む国も現実には多い。また参加しても自由に脱退ができる。更に脱退せずに条約に参加している場合であっても、違反行為を国際機関が取り締まることは通常はできない。主権は国家にあり、国際機関にはないためである。そればかりか、ある国の意図にそぐわない運営をしている国際機関に対しては、分担金を支払わない、または支払いを意図的に遅延する、更には国際機関の事務局長の更迭を提案する、などの嫌がらせを行う例は普通に存在している。

さらには国際ルールを策定するために交渉している交渉官でさえ、合意が遵守されるとは想定していないで交渉している場合もある。二〇年ほど前、筆者がジュネーブにおいてある交渉に同席していた際の話である。ＥＵの交渉官がある提案文書を読み上げた。横で聞いていた日本人は「えっ、そんなルールが決まったら日本は守れないじゃないか、すぐ本国に報告して対応方針について伺いを立てないと」などとあわてていた。その直後、筆者はＥＵの交渉官と話をする機会を得た。「今日の提案内容であればＥＵも守れないのではないか」と筆者が聞いたところ、先方は何を今さらという顔をしながら「うん、ＥＵは守れないと思う、しかしどこか一部の国が守ってくれるのならそれでいいじゃないか」と述べていた。その交渉では、日・ＥＵは同じ陣営に属しており、ＥＵ代表団とはその後も何回か意見交換をした。そこで筆者は彼らから、「国際ルールは、自分が守るためというよりも、他国に守らせるためにあるのだ」とか、「国際会議でこちらから積極的に提案をする意図は、提案を通すためというよりも、相手国側の代表団を忙しくさせて主導権を渡さないようにするためだ」とか、マルチの国際交渉のやり方についての指導を繰り返し受けた。たまたま当時筆者はその交渉の議長をサポートする小グループに入っており、その関係もあってＥＵは筆者を集中的なコンタクトの対象としていたようにも思う。外国人であっても使えそうなら使う、というマルチの国際交渉のやり方が、もしかしたら彼らにはあったのかもしれない。

いずれにせよ、この影響もあり、筆者は「国際ルール」なるものを普通の日本人以上に懐疑的に見ているように自分でも感じる。国際合意は無条件で守らなければならないと思っている普通の日本人からすれば違和感のある議論をしているなと自分で思うときもある。しかし逆に、その感覚が国際スタンダードに照らして標準的といえるのかどうかとの点については、日本人も絶えずアンテナを張って注意しておかなければならないだろう。

日本と欧米における環境意識の違い

国際ルールに対する接し方だけでなく、国際的な場所で環境問題を議論する際には、日本と欧米における環境意識の違いについてもアンテナを張って注意しておく必要がある。これは捕鯨交渉にかつて関わっていた筆者の経験に基づいている。

英国の都市計画学者ギッディングスらの論文によれば、多くの米国人・英国人は、郊外での環境保護を優先し、そこに生息する野生動物を保護することには熱心である一方で、都会の環境への関心は少ないという(24)。そしてこの原因は、環境と人間とが切り離された存在であると、多くの米国人・英国人が認識していることに起因すると論じている(25)。一方で日本人は、筆者が見る限り、人間とその外部環境はつながっていると認識している人が多い。里山や里海も、自然と人間が共生する設定になっており、両者が切り離された上での保全ではない。おそらく中世から近世にかけて欧州の都市が城壁に囲まれていた一方で、日本では都市そのものは城壁に囲まれていなかったことがこの背景に存在しているのではないかと筆者は考えている（戦国時代には大坂城や小田原城のように市街地まで城壁で囲んだ「総構え」が存在していたとの一部例外はあるが）。

またアメリカの心理学者ニスベットは、西洋人は対象物を周囲の環境と切り離して捉え、更にはその対象物を分類し規則性が適用できるか考えるクセがある一方で、東洋人は対象物と周囲の調和を重視し、形式を内容から切り離すことを拒むクセがあると述べている(26)。これも先のギッディングスらの議論と整合的な話になっている。

海洋環境保全についても、一九七〇年代から実施した瀬戸内海の水質浄化対策などが真の環境対策であると日本人は感じていた。一九八〇年代、米国人や英国人がクジラを保護することこそが環境保護だと主張しても日本人にはピンとこなかった。当時は経済的に急成長する日本に対するジャパン・

バッシングが各所で横行しており、多くの日本人は捕鯨問題もその一種と受け止めた部分もあった。

この発端は、おそらく一九七二年の国連人間環境会議までさかのぼる。この年にストックホルムで開催された同会議では「人間環境宣言」が採択され、環境保全や、途上国と先進国の格差是正などを目指す合意がなされた。ただし日本では、この会議で「商業捕鯨モラトリアム一〇年」が勧告されたことが注目された。国連人間環境会議の宣言は法的拘束力がないためここでモラトリアムが決定しても実効性はなかったが、これを契機に捕鯨反対の議論がアメリカや英国などで高まり、その後一〇年かけて多数派工作が進んだ結果、一九八二年には法的拘束力がある商業捕鯨モラトリアムが国際捕鯨委員会（IWC）で採択されるに至った。

国連人間環境会議が開催された時代はベトナム戦争による環境破壊も問題となっていた時期である。アメリカがベトナム戦争への非難をかわすために捕鯨禁止を会議に急遽持ち出したとの議論も存在する(27)。当時はグリーン・ウォッシュという言葉はなかったが、免罪符との言葉は存在していた。つまり欧米諸国は自国内で環境を汚染した免罪符として、南極海のクジラを守れとか、アフリカゾウを守れとか、自国に影響ない部分で環境保全に熱心なのだろう、とする議論である。

実際、この時代に欧米で暮らしていた日本人からすれば、欧米は環境後進国に映った。当時は日本よりヨーロッパの方が排ガス規制は甘く、一九八〇～九〇年代頃のヨーロッパの街角には、自動車の排ガスの鼻にツンとくる悪臭が漂っていた。筆者も一九八〇年代後半にヨーロッパを訪れた際には直接これを感じたし、フランクフルト空港を離陸した飛行機がある程度の高度まで上昇して空気の層を横から眺めたときに、大気の下層部がどす黒い色の空気の層で覆われていたことを鮮明に記憶している。

また一九九〇年代、アメリカでは都市部であっても家庭から出すゴミは可燃物と不燃物に分別する必要がなかった。当時の東京ではゴミの分別を熱心に実施していた中で、日本からアメリカに引っ越すと、「えっ、このユルさで大丈夫なのか」と拍子抜けする体験をした人が多かった。実際筆者も一九九二年から二年間、アメリカのフィラデルフィアにある二〇階建てのアパートで暮らした経験があるが、入居した際、紙ゴミ、空き缶、空き瓶を同じダストシュートに捨てろとインストラクションを受けて驚いた。

特に当時日本はバブル経済の恩恵にあずかっていた。円の為替レートは高く、欧米に旅行すれば物価は東京より安く感じた。日本の企業や官庁はハーバードやエールなどアメリカのトップ校に若手を競って留学させていた。トップ校の授業料は円換算で今の三分の一程度で済んでいた時代である。そしてトップ校が立地するアメリカの都市部では治安は極めて悪く、夜は歩けないばかりか車を運転するのにも危険を感じた。経済や環境や社会面で、日本がいかに進んでいるか、海外在住の日本人が話題にする場面も多かった。

捕鯨問題についても、当時は、この程度の環境対策しか実施していない欧米から非難される筋合いはない、どうせ免罪符の一種とジャパン・バッシングが組み合わさったものであろう、真の環境案件ではない、よって付き合う必要はない、との対応が日本では多く見られた。

しかし今から考えれば（特に二〇〇二年に出版されたギッディングスらによる指摘「多くの米国人・英国人は、郊外での環境保護を優先し、そこに生息する野生動物を保護することには熱心である一方で、都会の環境への関心は少ないとの指摘に鑑みれば）（28）、欧米の反捕鯨運動や、象牙への反対運動は、グリーン・ウォッシュや日本文化への無理解というよりも、彼ら独自の解釈の下での普通の環境保護運動であった可能性も考えられる。そうでなければ、あれほど欧米社会で支持者を集めることはできなかっただろう。

ただし近年は、欧米も野生動物保護以外の案件にも最近関心を示している。地球温暖化対策、カーボンニュートラルの対応などがそれだ。最近ではヨーロッパでは日本と同等かそれ以上の自動車排ガス規制が進んでいる。更に再生可能エネルギーの導入では日本以上に進んでいる国も多い。二一世紀に入り、状況は一変したようにも感じる。

欧米でも、もはや人間と環境が切り離された存在として見ていることを許さない状況に陥ったともいえるが、逆に日本の方も、置いていかれないように気をつける立場に回ったともいえる。日本と欧米における環境意識の違いは底流には存在しているかもしれないが、地球規模の環境問題では相互理解と協力がより不可欠な時代になっている。

区域型管理の今後

以上、ＢＢＮＪにおける区域型管理に関して論点となり得るポイントを整理した。それでは最後に、海洋における区域型管理は今後どうなるのかについて触れたい。

公海での区域型管理は、仮に合意したとしても遵守の面で難点があり、実効性のある制度になるか予断を許さない点を指摘した。その中で日本のポジションとしては、欧米だけに目を向けるのではなく、アジアやアフリカなど途上国にも接近し、実効性のある海洋環境の保全に努めることが重要になろう。

近年、途上国の発言力が増し、また環境に関する価値観もそれに伴い多様化した中では、環境保全は法的拘束力を振り回してトップダウン的に進めることと並行して、現場の当事者が意識を共有してボトムアップ的にも進めることが効果的である。環境問題は、ニューヨークの国連本部での会議では世界の海での細かい課題は把握しきれない。よって彼らの指示を待たずに現場発の改善で課題解決を図る手段を構築することも重要である。

これには、二〇一五年に「国連持続可能な開発サミット」において採択された「持続可能な開発目標（ＳＤＧｓ）」の考え方を重視する国際社会を形成していくことが重要といえる。ＳＤＧｓの文書で注目したいのは、前文で「誰一人取り残さないこと(no one will be left behind)」と宣誓している部分である。環境保護だけでなく、また環境と開発の両立だけでもなく、人間を中心に据えた取組みを行うことをＳＤＧｓでは明確化されたといえる。これは日本の里山や里海にも通じる取組み方向といえる。

海洋は、地球の物質循環を担い人間の食料を提供するだけでなく、熱などを吸収し気候の急激な変化も緩和する機能を持つ。人間の生活にとって欠かせない機能を有しており、この保全は将来世代にとっても重要である。国連の会議だけでなく、世界各地の現場レベルでも自発的に考えて機能の保全にチャレンジしていくことが望ましい。日本における現場経験をアジア・アフリカ各国などに伝えることは、今後、更に重要な課題となる。これが円滑にできるようなポジションを、あらかじめ国連の交渉の場でも日本が確保しておくことが期待される。

（1）https://www.fisheries.noaa.gov/new-england-mid-atlantic/about-us/historical-development-fisheries-science-and-management
（2）同左
（3）AGENDA 21のパラ17.7。
（4）WSSDのPlan of Implementation of the World Summit on Sustainable Development、パラ32。
（5）国連決議はA/RES/63/112など。
（6）http://www.imo.org/en/OurWork/Environment/PSSAs/Pages/Default.aspx
（7）愛知目標のパラ11。
（8）「持続可能な開発のための２０３０アジェンダ」外務省仮訳（http://www.mofa.go.jp/mofaj/files/000101402.pdf）
（9）https://www.cbd.int/article/draft-1-global-biodiversity-framework
（10）国連海洋法条約　第３条
（11）同　第５７条
（12）同　第５６条
（13）同　第８７条
（14）国連決議 A/RES/69/292
（15）国連決議 A/RES/66/231
（16）国連決議 A/RES/69/292

（17）国連決議 A/RES/72/249

（18）Yagi N, Takagi, T., Takada, Y, Kurokura H. 2010, Marine protected areas in Japan: Institutional background and management framework. *Marine Policy* 34: 1300-1306.

（19）同左

（20）長崎福三　一九九五『肉食文化と魚食文化』農山漁村文化協会：二〇八

（21）羽原又吉　一九五一『江戸湾漁業と維新後の発展及その資料第1巻』財団法人水産研究会：一八二、および藤森三郎・多田稔・鈴木順・西坂忠雄・三木慎一郎（編）一九七一『東京都内湾漁業興亡史』東京都内湾漁業興亡史刊行会：八五三

（22）https://www.papahanaumokuakea.gov

（23）https://www.gbrmpa.gov.au/the-reef/reef-facts

（24）Giddings, Hopwood, O'Brien 2002, "Environment, economy and society: fitting them together into sustainable development" *Sustainable Development* 10: 187-196.

（25）同左

（26）リチャード・ニスベット　二〇〇四『木を見る西洋人、森を見る東洋人』ダイヤモンド社：二九六

（27）梅崎義人 (2004)『動物保護運動の虚像―その源流と真の狙い』成山堂書店：二八〇

（28）Giddings, Hopwood, O' Brien 2002, "Environment, economy and society: fitting them together into sustainable development" *Sustainable Development* 10: 187-196.

4　環境影響評価をめぐって

瀬田真

1．環境影響評価とは

環境影響評価は、英語ではEnvironmental Impact Assessment（ＥＩＡ）を指し、日本語では、環境アセスメント（環境アセス）とも呼ばれる。ＥＩＡのことを環境アセスメントと呼ぶことは、環境省の公的文書でも確認され、一般的には環境アセスメントの方が定着しているかもしれないが本稿ではＥＩＡの略称を用いる。このＥＩＡは、米国が一九六九年に制定した国家環境政策法をきっかけに、現在は多くの国の国内法で規定され、各国それぞれに発展してきている。そのため、ＥＩＡがどのようなものであるかは国ごとに異なるし、国際法においても確立した定義があるとはいい難いのが現状である。そうはいえど、各国ともに、また、いくつかの国際条約におけるＥＩＡをまとめると、「環境に対して重大な影響を与え得る活動を行う場合に、そのような活動が環境に対して与える悪影響を評価する手続き」、のように整理することが可能であろう。ここで大事なのは、ＥＩＡという言葉にはあくまでも「手続き」としてまでの意味合いしか含まれないということである。

このことは、ＥＩＡの目的が何かを考えるとより理解が深まる。ＥＩＡの目的としては、大きく二つの考え方がある。一つ目は、ＥＩＡの目的は人間の活動によって環境が悪化するのを防ぐことであるという考え方である。現在日本においても注目を集めている、海上において大型の羽根（風車）を回して発電する洋上風力発電を例にすると、風車を設置する際、設置する場所の生態系、渡り鳥への影響といった自然的な観点から、その海域で行われている漁業活動といった社会的な観点まで、さまざまなことを事前に調査する。その上で、どのような風車をどのように設置すれば影響が少ないかを検討する。こうした手続きを経ることで、環境の悪化を防ぐことができるという考えである。このような考えは、あくまでも、ＥＩＡによって正しく明確な結論が得られることと、ＥＩＡによって得られた結論が実際に事業を行う際に反映されることを前提とする。ただし実際は、海洋の環境や生態系については、まだまだ科学的に不確実性が残り、どのような影響があるかが一〇〇％の正確に分かるわけではないことも多い。さらに、ＥＩＡにより環境への悪影響とその防止策が分かったとしても、コストの関係から防止策をとるのが難しい場合もあろう。再び洋上風力を例にとれば、水深三〇ｍほどであれば、一般的には、風車を海底に設置した基盤に固定する着床式の方が、船舶のように風車を浮かばせる浮体式に比べ低いコストで設置が可能といわれている。しかしながら、ＥＩＡにより浮体式の方が海洋生物への影響は低くなる可能性が高いと出た場合、影響を削減するために、どんなにコストをかけてでも浮体式にする必要があるのか。ＥＩＡを受けてどのような判断をするかまで、ＥＩＡ手続きの中で確立した規則があるわけではない。

こういった観点から、二つ目の考え方は、多くの多様なステークホルダー（利害関係者）が参加し、その時点で入手可能なあらゆる知見を用い、政策決定者が判断するというコミュニケーションそのものをＥＩＡの目的とする。日本におけるＥＩＡの第一人者である原科は、「環境アセスメントとは、事業者が環境配慮を適切に行ったことを社会に伝えるコミュニケーションプロセス」であると説明する。洋上風力発電の場合であれば、設置候補場所で漁業に従事する人たちが発電計画を理解し自分たちの意見を述べる機会があるのか。渡り鳥の専門家の見解が十分に配慮されているのか。環境非政府組織（以下、環境ＮＧＯ）が提出した意見書に記されているデータを十分に踏まえたか。多様なステークホルダーが事業者とコミュニケーションをとり、相互理解を深めるための手続きともいえるのである。この目的についての二つの考え方は、どちらか一方が正しいというわけではなく、その両方ともを目的と考えることができよう。そうはいっても、海洋環境や海洋生態系に関しては、陸の環境や生態系以上に科学的に分かっていない部分が多く、予定する事業を行うことで予見できない悪影響が発生してしまう可能性が高いことを踏まえると、このコミュニケーションそのものを目的とする考え方は一層重要なものとなる。ただし、このコミュニケーションをしたとして、どのステークホルダーのどこまでの理解・納得が必要となるのか、それもＥＩＡの手続きとして確立した規則があるわけではない。

また、関連する類似的な用語として「戦略的環境評価（ＳＥＡ：Strategic Environmental Assessment）」がある。政策から事業実施までの過程として、政策（Policy）、計画（Plan）、プログラム（Program）、事業（Project）という四つのＰによる流れがあり、ＥＩＡはこのうち最後の事業（Project）段階で行われる。それに対し、戦略的環境評価は、その前の政策・計画・プログラムを策定する段階で行われるものである。ＥＩＡという用語を広義にとらえた場合、この戦略的環境評価を包摂し、事業については事業アセスメントという用語を用いる場合もあるが、本稿を含むＢＢＮＪの議論では、基本的にＥＩＡという用語は事業アセスメントのみをさす形で使われることが多い。

2. 環境影響評価を規制する法の展開

(ア) 国内法規則の共通点と相違点

先述した通り、そもそも、ＥＩＡについては、米国法をはじめとし、各国の国内法において発展してきた。そのため、その手続きについては当然国ごとに異なる部分はあるが、①そもそも問題となる事業がＥＩＡの対象となるか否かを振り分けるスクリーニング、②ＥＩＡをどのように行うかまたどのような評価基準を用いるかなど、ＥＩＡの枠組みを決めるスコーピング、③そして、実際のＥＩＡとその報告、④さらに、③との峻別が難しい部分があるが、ＥＩＡの過程や報告を受けてのステークホルダーのとの意見交換、⑤ＥＩＡの結果によっては、環境への影響を軽減する措置をとなるなどしての事業内容の決定、⑥さらに、実際に事業を行った後にどのような影響を与えているかを調査する事後評価、の六つの段階があるのが一般的である。ＥＩＡ自体は活動や事業を計画する事業者が行うが、いくつかの段階において第三者機関による審査が行われる。

このように、ＥＩＡ手続きの共通項は確認できるものの、各国国内法はそれぞれの文化や社会に適した歴史を有するものであり、環境影響評価法も国家ごとに異なる。例えば、日本の場合には、ＥＩＡについては、一九九七年に環境影響評価法が制定されるまで、閣議決定の形で規則が定められるなど、法律によらない形をとっていた時期もある。そして、法制化がなされるまでの間、地方自治体によるＥＩＡ制度が大きな役割を果たし、それが現在も機能しているため、そういった歴史的経緯が日本の環境影響評価法に影響を及ぼしている。こうした国ごとの事情は、ＥＩＡの具体的な手続きにも反映される。例えばスクリーニングについて、日本は一定の条件を満たす鉄道や発電所のようにＥＩＡの対象を列挙しているのに対し、米国は対象外となるもののみを列挙しており、異なるアプローチをとっている。また、ＥＩＡを審査する第三者機関について、日本の環境影響評価法においては、行政たる環境省がその役割を果たすこととなっているが、他の国では専門家による科学委員会の設置を義務付けていることも少なくない。さらに、上述した戦略的環境評価について、米国では国家環境政策法を制定した一九六九年時点において、また、ＥＵでは二〇〇一年の指令（Directive）によって導入しているが、日本では、これらの国や地域のようなしっかりとした戦略的環境評価は依然として導入されていない。このように、各国、ＥＩＡについての法規則があるものの、その規定内容は必ずしも一様ではない。

（イ）海洋環境についての国際法規則

国際法規則は大きく慣習国際法と条約から成る。海洋でのＥＩＡについて規定する条約として、まずあげられるのが海洋法条約である。同条約の第一二部は、海洋環境の保護および保全について規定しており、その冒頭の第一九二条は、一般義務として、締約国が海洋環境を保護・保全する義務を有するとしている。ＥＩＡと関連するのは、監視および環境評価と名付けられた第一二部の第四節であり、次の三つの条文により構成されている。

第二〇四条　汚染の危険又は影響の監視
一　いずれの国も、他の国の権利と両立する形で、直接に又は権限のある国際機関を通じ、認められた科学的方法によって海洋環境の汚染の危険又は影響を観察し、測定し、評価しおよび分析するよう、実行可能な限り努力する。
二　いずれの国も、特に、自国が許可し又は従事する活動が海洋環境を汚染するおそれがあるか否かを決定するため、当該活動の影響を監視する。

第二〇五条　報告の公表
いずれの国も、前条の規定により得られた結果についての報告を公表し、又は適当な間隔で権限のある国際機関に提供する。当該国際機関は、提供された報告をすべての国の利用に供すべきである。

第二〇六条　活動による潜在的な影響の評価
いずれの国も、自国の管轄又は管理の下における計画中の活動が実質的な海洋環境の汚染又は海洋環境に対する重大かつ有害な変化をもたらすおそれがあると信ずるに足りる合理的な理由がある場合には、当該活動が海洋環境に及ぼす潜在的な影響を実行可能な限り評価するものとし、前条に規定する方法によりその評価の結果についての報告を公表し又は国際機関に提供する（傍点筆者）。

このように、わずか三つの短い条文しかなく、海洋法条約はＥＩＡの詳細な規則を定めているとはいい難い。特に、ＥＩＡの内容については具体的に規定しておらず、手続きについても報告の公表等を義務付けているに過ぎない。確かに、第二〇六条で、国家がＥＩＡをやらなければならない場合を規定しているが、「実質的な海洋環境の汚染」や「海洋環境に対する重大かつ有害な変化」がどの程度の汚染や変化であるのかが解釈の余地を大きく残すのに加え、「おそれがあると信ずるに足りる」という主観的な要素まで含めて範囲が特定されることとなっている。現在の海洋法条約がこのような規定ぶりであることから、国家管轄権外区域の海洋生物多様性（ＢＢＮＪ）新協定においてＥＩＡについての具体的な内容や手続きを規定する方向に動いているわけである。

他方で、海洋環境保護については、海洋法条約を中心に、既存の複数の条約が関係していることにも注意しなければならない。海洋法条約は、環境の汚染源を陸起因、船舶起因、陸から海上に持ち出して捨てることを意味する投棄、のように分類して規則を設けている。ただし、詳細な規則については、海洋法条約そのものに規定するわけではなく、海洋法条約が採択された当時、既に存在していた「船舶による汚染の防止のための国際条約」やその議定書・附属書（以下、条約と議定書・附属書をあわせて「海洋汚染防止条約体制」とする）や「廃棄物その他の物の投棄による海洋汚染の防止に関する条約」やその議定書・附属書（以下、条約と議定書・附属書をあわせて「ロンドン条約体制」とする）を組み込む形をとっている。船舶が航行すれば、当然さまざまなものがそこから排出されるわけであるが、その詳細な規則については、海洋汚染防止条約体制で既に詳細な規定を設けている。そのため、例えば仮に、国家管轄権外区域（ＡＢＮＪ）において通常の航行を行う際にＥＩＡをしなければならないといった規則が設けられると、海洋汚染防止条約体制の基準に従って船舶を航行させているもの（海運会社・国家）からすると、なぜそのようなＥＩＡをしなければならないのか、不満が高まる可能性がある。

同様の傾向は漁業にも当てはまる。人間の引いた境界線を越え海洋を広く動き回る、マグロなどの高度回遊性魚種や、排他的経済水域の境界を越えて活動する、ヒラメなどのストラドリング魚種については、海洋法条約の他、同条約を実施するために採択された公海漁業実施協定が既に存在する。さらに、国連食糧農業機関（ＦＡＯ）において、漁業についてのガイドラインや、漁船の寄港地がとるべき措置を定めた条約が採択されている。これら、地球全体に適用され得る規則とは別に、地域漁業管理機関（ＲＦＭＯ）により、地域的な規制が行われている。例えば、東京海洋大学に本部をおく北太平洋漁業委員会（ＮＰＦＣ）は、北太平洋におけるサンマやキンメダイなどの資源量の査定を行い、資源を持続的に管理するための勧告を行う。つまり、北太平洋でサンマ漁に従事するものとしては、ＮＰＦＣの定める基準に従えばよいと考えられるが、仮にサンマ漁についても別途ＥＩＡを行うことなどを新協定が求めた場合、当然、既存の国際法規則を遵守しているもの（水産会社・国家）からは不満が高まる可能性がある。他方で、現在の枠組みでは不十分と考える国家や環境ＮＧＯなどは、漁業についても新協定の対象とすべきと主張し続けている。

いずれにせよ、海洋環境保護については、既に一定程度の国際規則が設けられており、規則を実施するにはコストがかかることに鑑みれば、新しい条約を策定する際には、それらに屋上屋を架すことなどがないようにすることが望ましいと考えられる。

3．ＢＢＮＪ新協定での論点

ＢＢＮＪ新協定について、二〇二二年二月現在までに、環境影響評価の定義、実施が必要となる活動や事業、ステークホルダーの参加や意思決定の手続きなどの問題についてさまざまな意見が出されてきた。また、既存の国際条約・枠組みの下での既存の環境影響評価との関係も課題として残っている。そこでここでは、二〇一九年に作成された条文案で依然として意見がまとまっていない論点を中心に説明を加える。

(ア) 既存の規則との関係

ＢＢＮＪ新協定策定のための準備委員会開催へと踏み出す、二〇一五年の国連総会決議六九／二九二では、新協定を策定するにあたり、既存の関連する法的文書・枠組み・機関を損なわないようにすることが強調された。さらに、政府間会議の開催を決めた二〇一七年の総会決議七二／二四九においては、政府間会議の作業および帰結は、海洋法条約の諸規定と十分に合致すべきと再確認されている。

ＥＩＡについては、先述したように、海洋法条約自体に詳細な規定がないことから、海洋法条約の規定をより詳しく規定するような内容を新協定に盛り込むことは可能であろう。例えば、第二〇六条は活動が「海洋環境に対する重大かつ有害な変化」をもたらす場合に影響評価をすることを求めているが、洋上風力発電のための風車の設置はそのような変化をもたらす活動にあたると規定する、といった形である。その一方で、海洋法条約第八七条の規定する公海自由の原則は、新協定が設けるＥＩＡ手続きとは緊張を持つ関係になりやすい。公海自由の原則には海底ケーブルやパイプラインを敷設する自由が含まれるとされているが（ケーブルはインターネットや送電に用いられ、パイプラインは石油や天然ガスの輸送に用いられる）、例えば、新協定が海底ケーブルの敷設に際しＥＩＡを求めるとなれば、この規定と矛盾する可能性はある。実のところ、第八七条の規定する公海自由の原則も、絶対的な自由を保障するものではなく、他の国際法規則により制限され得るし、他の国家の利益に配慮して享受しなければならない。そのため、新協定が海底ケーブルの敷設に際してのＥＩＡの細かい義務を定めたからといって、それが直ちに海洋法条約と合致しない、となるわけではない。ただし、ＥＩＡ手続きを定め国家に義務付けることは、この公海自由の原則とは逆向きのベクトルとなることには留意する必要があろう。それを踏まえた上で、公海自由の原則を否定することはないように、新協定の規則は策定されなければならないのである。

さらに、海洋法条約以外の既存の条約についても配慮が必要である。２節（イ）で確認したように、航行や漁業については既に一定程度の環境に配慮した枠組みが設けられており、それらの活動にさらにＥＩＡを求めることは、まさに屋上屋を架することとなる可能性が高い。この点、次から見ていくように、ＥＩＡの対象がまだまだ明確になっていない部分が残るが、少なくとも、航行そのものや漁業については、新協定のＥＩＡの対象となる見込みはあまりないものと考えられよう。

（イ）環境影響評価の対象範囲

まず、どういった活動・事業にＥＩＡを行われなければならないのかという点について、議論が集約する前は、あらゆる活動にＥＩＡを義務付けるべきだ、というような極端な主張もあった。しかしながら、改訂条文案においては、海洋法条約第二〇六条と同様の基準を用いるとする意見と、「環境保護に関する南極条約議定書」において用いられている「軽微な又は一時的な影響」以上の影響を及ぼす場合という意見の、二つに集約されつつある。この二つについては、後者は前者を詳細にしただけであり、実質的に意味は変わらないとする立場もある。他方で、両者を異なるものと考える立場の中には、第二〇六条は、「重大かつ有害な変化」といったように、ＥＩＡが義務付けられる場面が極めて限定的であるため、南極条約議定書の表現が望ましいとする立場と、南極という生態系が特殊かつ脆弱と認識される地域と同様の基準を用いることは望ましくないとする立場があり、議論が非常に錯綜している。さらに、事業ＥＩＡの前段階となる戦略的環境評価については、そもそも新条約になじまないという主張もある上に、規定するとしても、その範囲を事業ＥＩＡと結びつけるべきかなどをめぐり、意見がまとまっていない。

また、国際法上、ＥＩＡは影響が国境を越える場合の文脈で発展してきたが、新協定は、ＡＢＮＪでの活動・事業が沿岸国の水域に影響を及ぼす場合のＥＩＡについても規定する可能性がある。さらにそれとは逆に、国家管轄権内で行われたもので、ＡＢＮＪに影響を及ぼす活動・事業を含む可能性もある。もしこれを含むとなった場合、新協定が国家に与える影響は形式的にはより大きくなる。というのも、例えば、現在国連環境総会（ＵＮＥＡ）においてプラスチック汚染についての条約策定に向けた国際交渉が開始されているが、この条約策定の動きは、海洋環境保護を主目的としてのものである。プラスチックの主たる汚染源は陸地にあるため、海洋環境を保護するために陸上でのプラスチックの製造や利用に制限をかける可能性があるのが本条約である。プラスチックゴミを含む海洋ゴミの動きの流れが、国家管轄権の内側か外側かで変わるわけはなく、当然、陸地から出たゴミがＡＢＮＪへと至ることもある。そうであるならば、陸上での活動も、ＡＢＮＪに影響を与える事業として新協定の下でのＥＩＡを必要とする、ということも理論的には成立し得るのである。

確かに、このような可能性を残すＡＢＮＪ外での活動・事業を含む考え方は新協定の適用範囲を過度に拡大するものとの批判がある。他方で、こういった汚染の場合、最も影響を受けるのが、国家管轄権内の陸や水域に住む、活動を行う国家の人間であることに鑑みれば、このような拡張がなされたとしても、実質的に国家の活動を縛る可能性はさほど大きくないとの主張もある。例えば、現在、福島第一原子力発電所からの処理水（これが十分に処理されておらず汚染水のままと主張する声もある）をめぐって、中国や韓国が日本政府を批判しているが、この処理水の影響を最も受けるのは、福島県や茨城県の水産関係者などを中心とした、日本国民である。そのため、国家管轄権内から管轄権外へ影響があるとしても、管轄権内ではより慎重な環境への配慮が求められることが多いため、このような拡張をしたとしても、国家に対しては過度な負担とはならないのではとも考えられるのである。

また、ＥＩＡが必要とされる場合とは、一回の活動により引き起こされる影響だけでなく、活動が積み重なった結果として引き起こされる影響（累積的影響）も含む、という方向で議論が進んでいる。

例えば、海底に杭を一本打つだけであれば、それにより発生する音の大きさ等は海洋哺乳類にＥＩＡが必要とされるような影響を与えるわけではないかもしれない。ただ、風車を建設するために長期にわたり頻繁に杭を打つとなると、それにより海洋哺乳類の健康に悪影響を及ぼす可能性は十分にあり、そういった点まで考えなければいけないということである。

（ウ）環境影響評価の対象活動・事業

新協定が、何をＥＩＡの対象とするかについて、そもそも、米国のように、ＥＩＡをしなくてよい活動・事業をあげるのか、あるいは日本を含む他の多くの国のように、ＥＩＡをしなければならない活動・事業をあげるのか、どちらの方針にするかで意見が分かれている。さらに、どちらの方針にするにせよ、ある事業を対象とするか否かを決める必要性が指摘されているが、二〇二二年二月現在、この点についての議論はまだまだ煮詰まっているとはいえない。そのようなこともあり、この対象活動・事業に関しては、新協定そのものに規定される可能性は低く、その附属書などに一覧として後から規定される可能性がある。附属書として新協定とは分けて作成することで、新たな活動が出てきた場合にはそれを掲載・削除するための改正がしやすくなることから、既存の海洋汚染防止条約体制やロンドン条約体制でも同様の形が採用されている。

このような事情により、改正条文案そのものには対象活動・事業の具体例が記されているわけではないため、この点を検討するにあたっては、これまでの会合や報告書において議論されている活動・事業を幅広く見ていく。この点、先述した航行と漁業と同様に、既に規則がある事業についてはおそらく対象とはならない可能性が高い。少なくとも、対象にするとなると既存の枠組みで頑張っている私人・国家・国際機構にとっては不満の火種となる。その一例が、マンガン団塊、海底熱水鉱床、コバルトリッチクラストといった鉱物資源の探査・開発についてである。国家管轄権外のこれらの資源の利用については、国際海底機構（ＩＳＡ）が広範な権限を有していることから、既に同機関により、それぞれの鉱物についての探査規則が採択されている。さらにＩＳＡはこれらの鉱物の資源探査について共通する規則として鉱物資源環境ガイドラインを採択し、その中でＥＩＡについても詳細な規則を設けている。また、今後を見据え、ＩＳＡでは開発規則についても現在策定中である。他方で、石油・天然ガスといったより身近な鉱物資源について、ＩＳＡの権限への異議があることもあってか、それらの探査開発についての国際規則をＩＳＡが策定しているわけではない。そのため、石油・天然ガスの開発やその輸送のための海底パイプラインの敷設などが、対象事業となる可能性もなくはない。

他に規制の対象となりそうな代表例として、洋上風力発電があげられる。生物多様性と同様、現在注目を集める環境問題の一つである気候変動対策として、洋上風力発電がさらに促進する見込みであることから、陸地から距離が離れ送電のコストがあがるにせよ、将来的にこれがＡＢＮＪで大規模に行われる可能性もある。そして、その場合、風車の設置については元より、送電のための海底ケーブルの敷設も、場合によっては新協定におけるＥＩＡの規制対象となろう。洋上風力については現在、各国国内法に基づきＥＩＡが行われていることから、それらを調和して、多くの国が納得のいく国際的なＥＩＡ制度を設ける必要がある。

洋上風力発電と同様に、気候変動対策として注目が集めるのが、炭素回収貯留（ＣＣＳ）である。ＣＣ

Sとは、火力発電所などから放出された二酸化炭素を、大気中にある窒素などの他の気体から分離・回収し、輸送して貯留することを意味する。具体的には、二酸化炭素を地底・海底に埋めることになる。二酸化炭素は代表的な温室効果ガスであるため、大気中から二酸化炭素を減らすことは、気候変動の防止策として期待されている。また、回収貯留するだけでなく、さらに経済活動に活かすために、二酸化炭素を地下に注入し自噴しなくなった原油の回収に利用する石油増進回収がより広く行われている。

このように、ＣＣＳは気候変動対策、エネルギー資源の効率的利用という観点から、技術開発とともに、活用がより沖合へと進展していく可能性がある。他方で、海底に二酸化炭素を注入するとなれば、当然に、環境への影響も無視できないものとなる。二酸化炭素を貯留場所まで運ぶ輸送技術として、大きくパイプライン輸送と船舶輸送の二つに分けられるが、前者の場合は、パイプライン敷設がＥＩＡの対象となるかを含めて検討する必要がある。また、船舶で運んだ場合も、その後、洋上設備を用いる場合などがあり、その場合には、洋上設備の設置が影響を与えないか、また、いずれの方法をとるにせよ、海底に注入するパイプを設置する必要があり、その作業を行うにあたってはＥＩＡが必要とされよう。さらに、ＣＣＳの場合には、注入した二酸化炭素がその後漏洩して周辺の海域に影響を与えていないか、注入した後のモニタリングもより一層重要となろう。また、このＣＣＳはやり方によっては、陸上から海上に運ぶ投棄、に該当しうるため、ロンドン条約体制による規制が及ぶものもある。ＣＣＳのやり方によって規律する条約が異なる形でも問題ないか、より詳細な議論が求められよう。

さらに、養殖についても、ある特定の生物のみを一定の水域で増やすことから、生物多様性に対して悪影響を及ぼす可能性もある。そのため、ＡＢＮＪで養殖を行う場合には、ＥＩＡを求める声が高まる可能性がある。漁業についてはＦＡＯやＲＦＭＯがＡＢＮＪでの活動についての規制も行っている一方で、養殖については一部のＲＦＭＯを除き同様の規制がないことから、新協定で新たに枠組みが設けられる可能性は十分にある。

養殖と関連する、さらに温暖化対策としても注目を集める海洋肥沃化についてもＥＩＡを課すべきとの意見が多く見られる。海洋肥沃化とは、海洋に栄養素を与えて生物が良く育つようにすることであり、いくつかの手法がある。例えば、海洋に鉄を撒くことで、植物プランクトンの成長を促し、それらによる二酸化炭素を吸収するという鉄肥沃がある。この鉄肥沃についても、投棄に該当する可能性があることから、ロンドン条約体制による規制が既に行われている。おそらく投棄には該当しないと考えられる海洋肥沃化の手法として、栄養の豊富な海の深い部分にある水（深層水）を用いる手法がある。これは、深層水を汲みあげて太陽光の届く浅い部分に放出し、それにより、植物プランクトンの光合成、さらにそれを食べる魚類の増加につなげるものである。陸上から海上に何かを運ぶわけではないため投棄には該当しない可能性が高いが、深層水を汲み上げるための装置を設置する際には海洋環境に影響を与えることになる。さらに、特定の海域の食物連鎖に直接的に影響を与えることになるため、この肥沃化の影響も一定程度長期的にモニタリングする必要があろう。

現段階では夢物語といえるかもしれないが、科学技術の発展によっては行われ得る、海上都市の設置なども規制の対象となり得る。洋上風力発電やＣＣＳの貯留など、公海上で行うに際しては陸地との距離が課題となるが、もし、公海上に都市が設置されるとなれば、洋上風力発電のそばで電力を用い、発生した二酸化炭素は公海海底に貯留する、といったこともあり得る。気候変動に伴い、ツバルなどの島嶼国が沈んでいくことが指摘される中、海上都市の構想については、世界中で研究が行われ、日本でも清水建設が関連した事業を行っている。

また、軍事活動についても、ＥＩＡをすべきとの声はある。二〇二二年二月末、ロシアがウクライナに侵攻しており、黒海では実際に海戦が発生している。そもそも、海洋法条約自体は国連憲章と同様に武力行使を禁止していることもあり、武力紛争時を想定した規則があるわけではなく、新協定も、このような実際の海戦に適用されることになるとは思われない。他方で、軍事演習や核兵器を含む兵器の実験（およそ四半世紀前の一九九六年までフランスは核実験を海上で行っており、包括的核実験禁止条約は二〇二二年においても発効していないのが国際社会の現状である）などについては、新協定が影響を及ぼす余地がないわけではない。ただし、海洋法上の既存の環境規則の多くが軍艦などには適用されていないことを踏まえると、軍事活動そのものと同様に、演習や兵器の実験を新協定の規定するＥＩＡの対象とすることについても合意を得るのは難しいと思われる。他方で、新協定において考慮すべき事項、例えば、改正条文案では生物多様性にとって貴重な海域ではＥＩＡを行うことなどを求める見込みであり、そのような海域で環境に悪影響を与える射撃訓練は控えるよう、各国がより強く意識することなどは期待できよう。

（エ）環境影響評価手続き

ＥＩＡ手続きについて、先述したように、①スクリーニング、②スコーピング、③ＥＩＡとその報告、④ステークホルダーのとの意見交換、⑤事業の決定、⑥事後評価、の六つの段階があるのが一般的であり、この一連の流れについては一定程度合意が得られるものと思われる。しかしながら、上述したスクリーニングが米国のアプローチと他の国のそれが異なるように、各段階の手続きについてはまだまだ意見がまとまっているとはいい難い。ここでは、国際条約だからこそより問題となりえる二点についてみていく。

まず、④については、ステークホルダーが誰か、という問題がある。例えば、千葉県銚子沖において洋上風力発電の計画が進んでいるが、銚子は海産物でも有名な町である。そのため、風車を設置するに際して、銚子の漁業協同組合などがステークホルダーとして意見を述べ、彼らの理解・納得が重要となることについて異論はないであろう。他方で、ＡＢＮＪとは、そもそもいずれの国の管轄権にも服していない水域である。そのため、誰がステークホルダーとなるかについての議論はより難しくなる。例えば、風車を設置する場所近くに排他的経済水域を有している隣接沿岸国はステークホルダーとなるのか。隣接沿岸国とは異なる国の国籍を有する私人であっても、そこで恒常的に漁業を行っていれば、そのものたちはステークホルダーとなるのか。そういった私人や環境ＮＧＯといった非国家アクターはステークホルダーとしてどこまでの関与が認められるのか。自分がステークホルダーと主張すればそれでステークホルダーと認められるのか。

加えて、ステークホルダーとどのように意見交換をするか、についても、どこに公表し意見を集めるのかなどが問題となり得る。銚子の洋上風力については、千葉県や銚子市のホームページに情報があげられており、それらの自治体への連絡先も記されている。当然、言語は基本的に日本語である。ＡＢＮＪの場合、グローバル言語として英語が用いられる可能性は非常に高い。しかし、例えば、南東太平洋でのプロジェクトで多くのラテンアメリカ諸国が隣接沿岸国となる場合、それらの国家で母語とされるスペイン語の方が英語より適切かもしれない。さらに、そもそもインターネットへのアクセスができない人間が多数を占めるコミュニティが近くにあるＡＢＮＪにおいて、どこまでそういったコミュニティに配慮するのか（あるいはしないのか）。ステークホルダーとの意見交換については、国際条約だからこそ課題となる問題は少なくない。

また、先述したように、ＥＩＡではいくつかの段階において審査を行うための第三者機関が設置されるのが一般的であるが、新協定においては、協定上設置される科学技術委員会が、ＥＩＡの審査を行うことが検討されている。新協定においてＥＩＡの義務を負うのは、海洋法条約第二〇六条と同様、計画された活動や事業を管轄する国家である。そのため、事業者やＥＩＡを義務付けられる国家ではなく、国際的に設置された科学技術委員会が審査を行うとなれば、これは歓迎すべきことのように思われる。しかし、このような科学技術委員会の構成員が、選挙によって選ばれる場合などは注意が必要である。国際的な選挙は、母国の支援なしに当選するのは難しく、それ故に、科学技術委員会の委員といえども、母国の意向を受け、政治的になってしまうリスクが高いのである。例えば現在、鯨をはじめとする海洋哺乳類への配慮については、国家間で必要とされる基準が大きく異なるのが現状である。これは、海洋哺乳類をどのように認識するか、というまさに各国の歴史・社会・文化を反映してのものといえる。仮にある事業において海洋哺乳類に影響を与えることが明らかな場合、配慮を徹底する国出身の委員はＥＩＡに基づけば事業を中止すべきとの見解を、配慮をさほど必要としない国出身の委員が事業は継続して問題ないとの見解を、科学的な評価とは関係なく支持する可能性すらある。もちろん、科学的に白黒はっきりするものであれば、このような政治が入り込む余地はさほど大きくはない（と科学者として選ばれた委員の良識に期待したい）。しかしながら、海洋環境や生態系においては、科学的に不確実なことが多いため、こういった政治的配慮の入る余地が多く残される可能性がある。

さらに、ＥＩＡを受け、活動・事業を行うか否かを誰が最終的に決定するのかについても意見が分かれる。この点、事業者が決定を行うわけでなく、活動を管轄・管理する国家が決定するという意見と、新協定の全締約国が参加する締約国会合において国際的に決定するという意見の二つがある。

また、ＥＩＡ手続きに違反があった場合など、どのように対処するかについてもまだまだ意見がまとまっているとはいい難い。ＥＩＡ手続きの違反がもたらす最悪のケースとして、手続きをおろそかにしたがゆえに、ＡＢＮＪに深刻な環境汚染が発生した場合が考えられよう。国際法であれ国内法であれ、法に違反したことで汚染が発生した場合には、それにより被害を受けたものが汚染したものに対して賠償を求めることが想定される。しかし、ＡＢＮＪはいずれの国の管轄権にも服さないため、誰が被害を受けたと考えられるのか、被害を算定するのか、さらに、誰が（科学技術委員会？　締約国会合？　環境ＮＧＯ？）が国際社会を代表して違反を追及するのか。加えて、違反国が賠償のための支払いをするとして、誰（どこ）にどのように支払うのか。その金銭を用いるとして誰がどのように環境を回復するのか。これらの点については今後より議論を重ねていく必要があると思われる。

4．結びに代えて

ＥＩＡについては、既に各国において一定程度完成した制度が存在するため、ＡＢＮＪでの活動に限定されるとはいえ、各国は新協定のＥＩＡ制度と自国のそれとが調和することを求める。さらに、新しい活動・事業を行う際、人の健康や環境に大きな影響を及ぼす恐れがあるのであれば、科学的に因果関係が十分証明されない状況でもそれらを規制すべき、という予防原則の考え方は、これをどこまで広げるべきか、という点で各国の意見が異なる。そのため、新協定におけるＥＩＡの規則を決定するためにはさらなる議論が必要とされている。

極論をいえば、海洋で何もしなければ海洋環境の人為的な悪化がさらに引き起こされることはない。他方で、３節（ウ）で示してきたように、気候変動問題や食糧問題など、人類が抱える多くの課題を解決する上で、海洋の利用が重要な要素となる可能性も十分にある。ＥＩＡはある意味、海洋についてのそのような対立する二つの考えを調和するための制度といえる。公海自由の原則が確立しているとはいえ、現在は、環境への配慮などが必要とされる関係から、公海上で新しい活動を行うことはハードルが高くなっている。この点、新協定がＥＩＡ手続きを明確に定めることにより、その手続きを守ってしっかりと環境に配慮すれば広大なＡＢＮＪを利用してよい、となればそれは、今後人類が海洋で活動する大きな可能性を広げることとなろう。

参考文献

泉水健宏　二〇二一「洋上風力発電の現状と課題―インフラ整備等を中心とした状況」『立法と調査』第四四〇号（年）。
大塚直　二〇一四「改正アセスメント法の現状と課題」『環境法研究（特集）最新の環境アセスメント法の動向と課題』第三九号、有斐閣
環境省ウェブページ『環境アセスメント制度のあらまし』(http://assess.env.go.jp/files/1_seido/pamph_j/pamph_j.pdf).
菅野直之　二〇二一「UNCLOSにおける環境影響評価実施義務の具体化：深海底における海底鉱物資源開発を例として」『国際関係論研究』四一巻
児矢野マリ　二〇二一「環境影響評価に関する国際法の発展と日本」柳原正治、森川幸一、兼原敦子、濱田太郎編『国際秩序とグローバル経済』信山社
瀬田真　二〇二一「BBNJ新協定における海洋環境影響評価制度」坂元茂樹・薬師寺公夫・植木俊哉・西本健太郎編『国家管轄権外区域に関する海洋法の新展開』有信堂高文社
中田達也　二〇二〇「国際海底機構の開発規則策定状況と日本の課題」『海の論考 OPRI Perspectives』第一二号 (https://www.spf.org/global-data/opri/perspectives/prsp_012_2020_nakada.pdf).
西本健太郎　二〇二一「BBNJの保全と持続可能な利用における隣接沿岸国の地位」坂元茂樹・薬師寺公夫・植木俊哉・西本健太郎編『国家管轄権外区域に関する海洋法の新展開』有信堂高文社
原科幸彦　二〇〇一『環境アセスメントとは何か』岩波新書

柳憲一郎・小松英司・中村明寛　二〇一七「二酸化炭素回収・貯留（ＣＣＳ）に関する法政策研究」『法科大学院論集』第四号

High Sea Alliances 2021, "How Could the EIA Provisions of the BBNJ Agreement Apply to Activities and Existing Bodies?", (https://www.highseasalliance.org/wp-content/uploads/2021/07/FINAL-How-would-the-EIA-provisions-of-the-BBNJ-Treaty-apply-in-practice-7.8.21.pdf).

Kahlil Hassanali 2021, "Internationalization of EIA in a New Marine Biodiversity Agreement under the Law of the Sea Convention: A Proposal for a Tiered Approach to Review and Decision-Making", *Environmental Impact Assessment Review*, Vol. 87.

Neil Craik 2008, *The International Law of Environmental Impact Assessment: Process, Substance and Integration*, Cambridge University Press

Robin Warner 2012, "Tools to Conserve Ocean Biodiversity: Developing the Legal Framework for Environmental Impact Assessment in Marine Areas beyond National Jurisdiction", *Ocean Yearbook*, Vol. 26.

5　能力構築と海洋技術移転

藤井巌・前川美湖

はじめに

公海は、いわゆるグローバル・コモンズであるという認識のもと、全ての国家に等しく解放された海域である。公海は全ての国に開放され、全ての国が公海の自由すなわち航行の自由、上空飛行の自由、漁獲の自由、海洋の科学的調査の自由等を享受する、と「海洋法に関する国際連合条約」（ＵＮＣＬＯＳ）にある。そして、公海は、いずれの国家も管轄権を行使することができない「国家管轄権外区域」（ＡＢＮＪ）（１）でもある。しかし、公海に存在する豊かな海洋生物資源、特に深海底の遺伝資源に関する法的位置付けに関しては、明確な規定がないままである。一方で、公海における生物多様性の損失は顕著であり、二〇一九年に発表された「生物多様性及び生態系サービスに関する政府間科学政策プラットフォーム」（ＩＰＢＥＳ）による報告書は最新の科学的知見をもとに、「生物多様性の減少は公海域を含め全球的にかつてないほど進んでおり、その保全には革新的変化が求められる」と警鐘を鳴らしている。このような状況を踏まえて、国際的な法的枠組みや公海の海洋生物多様性を保全し、持続的に利用するための新しい制度が求められている。これは、国連持続可能な開発目標（ＳＤＧｓ）の

図１　国連持続可能な開発目標（SDG）の「海の豊かさを守ろう」（SDG14）

「海の豊かさを守ろう」（ＳＤＧ１４）（図１）を達成するうえでの重要な取組みであるとも言える。しかし、広大な公海については、未だ科学的な知見が不足している分野も多い。例えば、航海の際に重要な情報となる海底地形のデータについては、まだ地図化された海底地形は全球の海底面積の一九％（二〇二〇年六月現在）に留まっており、二〇三〇年までに一〇〇％の完成を目指す国際的なプロジェクト「日本財団GEBCO Seabed 2030」が進んでいる。海洋分野での能力開発が求められる所以である。

国連における能力構築及び海洋技術移転の取り扱い

まず、ＵＮＣＬＯＳを含めて国連での海洋分野における能力構築及び海洋技術移転（ＣＢ＆ＴＴ：Capacity Building and the Transfer of Marine Technolog）に関する議論を振り返りたい。一九六七年の第二次国連海洋法会議において、「国の管轄権の及ぶ区域の境界の外の海底を人類の共同の財産の一部であると宣言しよう」というアルビド・パルド大使によるマルタ提案が提起され、同時に先進国が海底の開発で支配的立場に立つのを回避するため海洋技術の移転が議題に上げられた。その後、継続的にこのテーマが議題に上り、一九八二年のＵＮＣＬＯＳ採択時に、本条約の第一四部として本テーマが取り込まれた。ＵＮＣＬＯＳは、第一四部「海洋技術の発展及び移転」第二六六条において、「いずれの国も、開発途上国の社会的及び経済的開発を促進することを目的として、（中略）海洋科学及び海洋技術の分野において、技術援助を必要とし及び要請することのある国（特に開発途上国（内陸国及び地理的不利国を含む））の能力の向上を促進する」と規定している。本条文が取り込まれた背景には、当時の海洋技術はごく限られた国でしか開発されていなかったため、ＵＮＣＬＯＳの宣言原則に含まれる約束を効果的なものにするためには、世界の他の国に「公正かつ衡平な条件」で海洋技術を迅速に移転する過程を確立し、かつ推進することが必要であるという考えがあった。この約束とはすなわち、国の管轄権の及ぶ区域の境界の外の海底及びその下と定義される「深海底」の探査及びその資源の開発は、国の地理的位置にかかわりなく、人類全体の利益のために、かつ、開発途上国の利益及びニーズを特に考慮して、実施されなければならないという考え方を指す。

公海は全ての国に解放された海であるにも関わらず、世界の国々の海洋科学や海洋管理に関する能力は多様なレベルにある。国連において行われている国家管轄権外区域の海洋生物多様性（ＢＢＮＪ）の保全と持続可能な利用をめぐる交渉において、主要テーマになっている海洋遺伝資源（ＭＧＲ）（利益配分の問題を含む）、区域型管理ツール（ＡＢＭＴ）（海洋保護区を含む）、環境影響評価（ＥＩＡ）と並んで、Ｃ

Ｂ＆ＴＴについて議論されている。しかし、ＵＮＣＬＯＳでは、「能力構築」（Capacity Building）の明確な定義は実は示されていない。能力構築は、むしろ世界的な開発援助や持続可能な開発の文脈から出てきた概念で、海洋技術移転を含むより広い概念であると捉えられている。開発の文脈では、個人や組織の能力を主な対象とする能力構築から、さらに制度や政策の整備をも含む「能力開発」（Capacity Development）へと発展している。国連開発計画（ＵＮＤＰ）は、能力開発を「個人、組織、制度や社会が個別にあるいは集合的にその役割を果たすことを通じて、問題を解決し、また目標を設定してそれを達成していく能力の発展プロセス」（一九九八）と定義している。ＵＮＤＰは、能力構築は「支援対象者・国にもともと能力がなく、ゼロから能力を構築していく」という前提があること、一方で能力開発は「支援対象者・国がもともと有する能力をさらに発展させていく」という概念が前提となっていることを指摘している。また、国際協力機構（ＪＩＣＡ）は能力開発を「途上国の課題対処能力が、個人、組織、社会などの複数のレベルの総体として向上していくプロセス」であると定義している。

世界の海洋技術の発展と移転を促進する目的で、二〇〇五年には、「海洋技術の移転に関するＩＯＣ基準・ガイドライン」が、ユネスコ政府間海洋学委員会（ＩＯＣ―ＵＮＥＳＣＯ）専門家諮問委員会により公表された。このガイドラインは、海洋技術を「海洋及び沿岸域の自然及び資源に関する研究及び理解の向上を目的として、知識を生出しかつ利用するために必要な器具、設備、船、過程及び方法論のこと」と明記している。また、その具体的内容を（ａ）海洋科学及び関連する海洋活動並びに役務に関する、ユーザーに使いやすい形態の情報及びデータ、（ｂ）手引書、ガイドライン、基準、参考資料、（ｃ）標本及び分析機器、（ｄ）観測施設及び機器、（ｅ）現場及び研究室での観測、分析及び実験のための機器、（f）コンピュータ及びコンピュータソフトウェア、（g）海洋の科学的調査及び観測に関連する専門知識、知見、技能、技術的・科学的・法律的ノウハウ並びに分析方法、と規定している。ＩＯＣは技術移転の仲介役を担い、そのための申請用紙や窓口を用意したものの、実際には海洋技術移転の取組みはなかなか進まなかった。民間企業などの技術の担い手にとり、技術移転へのインセンティブが欠如していたことなどが原因として考えられる。また、一般的には、海洋分野を含む大学生・大学院生への奨学金やフェローシップ（給付型奨学金付きの研究員の資格）の支給、知識の強化等を目的とした研修やワークショップなども挙げられる。

ＣＢ＆ＴＴは、ＵＮＣＬＯＳ第一四部やその他の関連する条文において、努力義務または一般的な国際協力義務として位置付けられているものの、強制力はないためＵＮＣＬＯＳの中でも実施が遅れている条項と言われている。しかし、実際にはＢＢＮＪの主要テーマであるＭＧＲ、ＡＢＭＴ及びＥＩＡに関する取り決めの実効性を高めるために重要な分野横断的テーマであり、かつＵＮＣＬＯＳの衡平性を追求する観点からも大切な論点であることが多くの国連加盟国、特に開発途上国により指摘されている。次節では、この重要なテーマに関して、各国の主張と対立点について解説する。

政府間会議における議論の対立点と課題

なぜＣＢ＆ＴＴの議論では各国の意見が対立し、交渉の収束に目途が立たないのか。そもそも海洋技術移転は、ＵＮＣＬＯＳで強制力はないものの努力義務や国際協力義務として既に定められている要素である。そしてＣＢ＆ＴＴについては、ＢＢＮＪ新協定の主要テーマであるＭＧＲ、ＡＢＭＴ及びＥＩＡに関する取り決めの実効性にも関わる分野横断的テーマでもあることから、その重要性が多くの政府間会議参加国により指摘されている。かねてより途上国は、ＵＮＣＬＯＳのもとで海洋技術移転の実施がなかなか進まないことに対する不満がある。さらに、ＣＢ＆ＴＴが各国の利益配分（特にＭＧＲから生じる利益配分）に影響を及ぼし得ることから、ＣＢ＆ＴＴの議論の行方がＢＢＮＪ交渉の妥結の鍵を握っている側面が強い。そのため、交渉では特に非金銭的利益の配分（ＭＧＲの開発から得られる技術やデータ等）を対象として、海洋分野での能力構築の実施が検討されている。そして途上国は、先進国がＡＢＭＴやＥＩＡなどに関するＣＢ＆ＴＴを支援するのであれば、それと引き換えにＭＧＲの開発や海洋科学調査をある程度自由に行うことを容認する姿勢を示し、ＭＧＲの利益配分をめぐる、ある種の取引になっている側面もある。さらには、既存のＣＢ＆ＴＴに関する情報や到達点に関する情報が不足していることが、交渉をより困難なものにしている。これらの理由から、ＣＢ＆ＴＴの対象範囲や条件について依然として各国の見解の相違点が多く残っている。さらにある専門家は、ＣＢ＆ＴＴの議論は最も進捗が遅れているテーマであると指摘している（De Santo *et al.* 2020）。本節では、政府間会議におけるＣＢ＆ＴＴの対立点について、法的性質や目的などの交渉のポイントごとに整理し、交渉の進展が遅れていると指摘されている議論内容を提示する。

法的性質

ＣＢ＆ＴＴは全ての国が「ＢＢＮＪの保全と持続的な利用」を達成すべく、必要不可欠な要素であるとの見解は、政府間会議参加国の共通認識である。しかし、CB&TTの実際の在り方について、参加国の意見の隔たりが大きい。特に、CB&TTをBBNJ新協定のもとで義務化するか否かという法的性質を問う根本的な問題について、大きな対立が生じている。EUやロシアはCB&TTの任意的な実施（任意的アプローチ）を求めているとともに、CB&TTは提供者と裨益者（CB&TTの受け手）が相互に合意する条件（MAT：Mutually Agreed Terms）のもとで行われるべきだと主張している。同様にオーストラリアやカナダ、アメリカはMATを尊重すべきだと主張している。さらに韓国は、UNCLOSの文書はCB&TTの任意的アプローチを示唆していると指摘している。一方でミクロネシア連邦は、海洋技術移転は本質的に義務的なものでなければならないと主張している。また、パラグアイは、CB&TTのもとで各国の協力を義務化すべきだと主張している。さらにアフリカグループは、任意的アプローチとMATが「業務平常通り」のシナリオを推進しかねない（つまり、既存の協力枠組みだけでは途上国の能力構築を実現できない）と警笛を鳴らした。概して言えば、先進国はCB&TTの任意的な実施を、途上国はCB&TTの義務化を求めており、これが交渉における大きな対立軸となっている。また、MATに関する議論について途上国は、先進国が能力構築支援において有利に交渉を進める可能性を意識し、支援実施国と裨益国の個別の交渉ではなく、新協定のもとでCB&TTそのものを義務化したいと考えている向きがある。

CB&TTの目的

CB&TTの目的については、それをBBNJ新協定の実施（特にABMTやEIA）に限るのか、あるいはＭＧＲを含めたより拡大したものとするかについて、各国の主張に大きな溝が見られる。日本やアメリカは、ＣＢ＆ＴＴはＢＢＮＪの保全及び持続的な利用の実現にのみ適用されるべきだと主張している。同様にＥＵやカナダも、ＣＢ＆ＴＴは新協定を施行することを目的として実施されるべきだと主張している。つまり、新協定の設立によって生じ得るＣＢ＆ＴＴの負担を限定的に留めたいという先進国の意図が垣間見える。一方でカリブ諸国共同体（ＣＡＲＩＣＯＭ）は、ＡＢＮＪのみならず、知識普及と技術能力開発の自国水域への拡大を提案した。また、エクアドルやメキシコ、コロンビアのような途上国は、ＣＢ＆ＴＴの実施によってこれらの国がＭＧＲにアクセスするための能力を有することを担保すべきだと主張しているとともに、Ｇ７７＋中国（ほとんどの途上国に中国を加えたグループ）は、海洋技術移転によって技術（主にＭＧＲの開発技術）へのアクセスを確約すべきだとしている（一方で多くの先進国は、推進や推奨といった任意の実施を示唆する表現を支持）。これらの主張から、ＣＢ＆ＴＴの機会を新協定のもとで拡大したいという途上国の思惑が伺える。その理由として途上国は、現在の能力構築がＢＢＮＪの文脈においては不十分であること、また、能力構築の資金メカニズム（地球環境ファシリティ（ＧＥＦ）等）（２）ではその仕組みや過程が不透明であり、効果的な能力構築・能力開発が望めないことを主張している。さらに途上国は、ＭＧＲの開発において有利な立場にある先進国が、ＭＧＲから得られる利益を独占することに強い警戒感を示している。

ＣＢ＆ＴＴの様態

ＣＢ＆ＴＴの様態（在り方）については、政府間会議参加国の間で意見が収束する点と対立する点が混在しているものの、依然として参加国の溝が埋まらない状況にある。まず、収束点についてだが、ＣＢ＆ＴＴは既存の枠組みや過去の教訓を基礎に、各国のニーズに沿って実施されるべきだとの見解が各国から支持されている。ノルウェーやアメリカは既存の枠組みを基礎としたＣＢ＆ＴＴの実施を求めている。さらにノルウェーやカナダ、中国は、ＩＯＣを既存の枠組みの具体例として挙げ、その滞在的な役割を強調した。同様にジャマイカは過去の教訓を考慮し、国際海底機構（ＩＳＡ）等の既存の枠組みを基礎にＣＢ＆ＴＴを実施することの必要性を訴えた。さらにフィリピンも、ＩＯＣやＩＳＡ等の既存の枠組みを基礎としたＣＢ＆ＴＴを提言した（ＩＯＣとＩＳＡは次節でさらに触れる）。つまり各国は、現在ある枠組みを活用し、ＢＢＮＪ新協定のもとで実施されるＣＢ＆ＴＴの仕組みを確立すべきだと主張している。さらにＧ７７＋中国や太平洋小島嶼開発途上国（Ｐ－ＳＩＤＳ）、小島嶼国連合（ＡＯＳＩＳ）等に加え、アメリカやノルウェー、オーストラリア等は、ＣＢ＆ＴＴは各国のニーズに沿って行われるべきだと主張している。一方で、新たなＣＢ＆ＴＴと既存のＣＢ＆ＴＴとの重複や、知的財産権（ＩＰＲ：Intellectual Property Right）をめぐって、各国の見解に違いが見られる。例えばＥＵやアメリカ、韓国、ノルウェー、スイスは、ＣＢ＆ＴＴが既存のプログラムと重複すべきではないと主張している。これは要するに、既に実施している能力構築と同じ能力構築を新協定のもとで実施する必要はないという、先進国の見解である。このような主張に対してＧ７７＋中国は、否定的な見解を示している。これは途上国の「全てのＣＢ＆ＴＴの可能性を否定すべきではない」という考えに則っているものと考えられる。次にＩＰＲについてだが、ＢＢＮＪの議論におけるＩＰＲとは、主にＭＧＲの開発過程から得られた産物に対する権限のことを指す。オーストラリアや中国、カナダ、アメリカは、新協定のもとでもＩＰＲを尊重すべきだとする一方で、アフリカグループや「志を同じくするラテンアメリカ諸国」（以下、ラテンアメリカ諸国）は、ＩＰＲと技術普及のバランスを重視すべきだと主張している。ＩＰＲについて各国が対立する背景には、途上国の「ＩＰＲがＡＢＮＪにおける調査やＭＧＲの開発から得られる利益の障壁になる」という懸念がある。

資金メカニズム

ＢＢＮＪ新協定の下、どのような資金メカニズムを設置するかは、新しい仕組みの有効性やその機能を考えるうえで極めて重要である。資金は誰が拠出し、その額や使途をどのように決めるのか。まず、各国によるＣＢ&ＴＴへの資金拠出を義務化するか否かについて、先進国と途上国との間で意見が真っ向から対立している。資金拠出を義務化した場合には、通常、先進国側により多くの負担が期待されるため、先進国側は二の足を踏む。ＥＵは、あらゆる資金源をもとにした任意的信用基金の設立を提言した。また、アメリカや韓国は、ＣＢ&ＴＴの資金提供は全てにおいて任意的なものでなければならないと主張している。一方でＧ７７＋中国やＣＡＲＩＣＯＭ、ラテンアメリカ諸国、Ｐ―ＳＩＤＳは、ＢＢＮＪ新協定のもと実施するＣＢ&ＴＴについて任意的及び義務的資金の必要性を強調した。また、ＡＯＳＩＳは、ＩＳＡの寄贈型基金をモデルとして、新協定のもとでＣＢ&ＴＴのための新たな基金を設立すべきだと主張している。さらに、ＭＧＲへのアクセスの条件として、ＣＢ&ＴＴの義務的な貢献を求めている（これに対し、ＥＵやアメリカ、ロシア、カナダは反対の意を示している）。ＥＵについては、第二回ＢＢＮＪ政府間会議の際に他の途上国とともに義務的・任意的資金メカニズムの双方を支持している。しかし、義務的な資金は制度的費用及びクリアリングハウス（情報共有メカニズム）に係る費用に限定されるべきだと強調した。途上国は資金メカニズムについて義務的な実施を主張する理由として、これまでの能力構築に関する任意的資金メカニズムが持続性及び予測性に欠けていることを指摘している。一方で、先進国は既存のメカニズムの活用を主張する傾向にある。

協力の在り方

ＣＢ＆ＴＴの協力の在り方に関する議論についても、ＢＢＮＪ新協定における表記をめぐって各国の意見が収束しない状況にある。日本及び韓国は、締約国はそれぞれの能力に応じて協力を推進（promote）するという表現を強調した。また、ＥＵ及びノルウェーは共に「条約（ＵＮＣＬＯＳ）に則して（in accordance with the Convention）協力という表現を支持した。さらにアメリカは「実施あるいは推進されるべきであろう」（may be carried out or promoted）という表現を提案している。一方でＧ７７＋中国は、ＣＢ＆ＴＴは新協定のもと実施（carry out）されるべきだと主張している。さらにツバルは、ＣＢ＆ＴＴを確約（ensure）すべきだと主張している。基本的に先進国は、ＣＢ＆ＴＴの協力が義務的性質を帯びない表現を求めている。また、新協定はＵＮＣＬＯＳという大本の条約のもとで実施する協定であることから、新協定のもとで実施するＣＢ＆ＴＴがＵＮＣＬＯＳの範疇を超えて実施されるべきではないとする先進国の見解が垣間見える。そもそもＵＮＣＬＯＳはＢＢＮＪのＣＢ＆ＴＴの義務化について明記していないことから、これを義務化することはＵＮＣＬＯＳの事実上の改正になる可能性も発生する。これに対して途上国は、新協定を先進国からさらに支援を得る機会と捉え、それを確約すべく、ＣＢ＆ＴＴの実施に対するより強い表現を求める傾向にある。

海洋分野における能力構築の現状とＢＢＮＪへの応用

上述した通り、ＣＢ＆ＴＴに関する各国の見解が収斂しない背景の一つとして、既存の海洋関係の能力構築プログラムに関する情報や到達点についての情報不足が挙げられる。能力構築に関する需要（ニーズ）は国ごと、地域ごとに多種多様であり、かつ、能力構築の供給（既存の能力構築）も複数のレベル（国、地域、世界等）で多彩なステークホルダー（政府、民間、市民社会等）により実施されていることから、これらの詳細をタイムリーに把握することは容易ではない。そのため、能力構築のニーズと能力構築プログラムのマッチング機能を有する仕組みとして、クリアリングハウスメカニズムの設置がＣＢ＆ＴＴの議論において各国により提案されている。クリアリングハウスとは元来、清算機関を意味するが、生物多様性の文脈では、生物多様性条約（ＣＢＤ）に基づく国際的な生物多様性に関する情報交換の仕組みとして提唱されているものである。既存の仕組みで類似の機能を有しＩＯＣが管理している「海洋生物多様性情報システム」（ＯＢＩＳ：Ocean Biodiversity Information System）についても、政府間会議でＩＯＣにより紹介がなされた。クリアリングハウスシステムの課題としては、本制度で公開するデータや情報に対するＩＰＲの保障の在り方、また、データを公開するだけではその活用には至らず、その公開の仕方や研修プログラム等の対話の機会が必要であることが指摘されている。さらには、システムの構築や維持、活用には適切な資金的・人的資源が必須であり、これらの確保も課題となっている。

一方でBBNJ新協定におけるCB&TTの実施項目については、様々な種類のものが提案されている。資金援助や技術協力、研修プログラム、データ・情報共有、共同研究は、提案されたCB&TTの例の一部である。また、政府間会議参加国からは、CB&TTの実施項目について、そのリストを新協定に盛り込むこと、新協定に添付として盛り込むこと、または新協定のもとで設置される締約国会議にリスト作成を委ねることが提案されている。しかし、リストの扱いについては、更新可能なものを作成し新協定に添付すること、また、より具体的な実施内容については、締約国会議がこれを議論することで、大方の合意がなされている。

CB&TTの実施内容について、途上国からは特にBBNJの科学（とりわけ、MGR）に関する能力構築の必要性が求められている。上述した通り、これはMGRがもたらし得る利益を先進国が独占することに対する懸念を背景としている。アメリカの非営利組織グローバルオーシャンフォーラムが能力構築支援に関して途上国の政策決定者・行政官を対象に行ったニーズ調査では、科学・技術に関する能力構築に対するニーズが最も高いことが明らかとなった（Cicin-Sain *et al.* 2018）。また、その他にニーズが高かった分野として、制度強化のための政策・法律関連の能力構築、意識や理解の改善、人材育成や人的資源の確保、資金援助が挙げられた。特に、政策・法律関連の能力構築については、BBNJ新協定における新たな義務を各国が滞りなく履行するために、まずは国の制度を整える必要があることを示唆している。このように様々なCB&TTが必要とされる中で、これらは個別のニーズに基づいて実施されるべきであることが、多くの政府間会議参加国から主張された。しかし、多様なニーズを詳細にかつ定期的に把握するための仕組みは不在である。そのため、新協定のもと国や地域ごとに実施するニーズアセスメント方法について検討されることが求められる。

次に、既存のＣＢ＆ＴＴの取組みについてであるが、ＡＢＮＪに限定しなければ海洋分野におけるＣＢ＆ＴＴは、多様なステークホルダーにより提供されており、一定の実績が認められる（Cicin-Sain *et al.* 2018）。これらの支援は、ＢＢＮＪの能力構築支援においても応用可能なものが多く含まれると同時に、多くのノウハウや教訓を示している（Fujii *et al.* 2022）。国際機関においては、ＩＯＣがIOC Capacity Development Strategy のもと途上国に対する研究助成（主に海洋科学分野）を行っている他、ＩＳＡが海底鉱物資源に関する能力構築を、コントラクタートレーニングプログラムとして展開している。特にＩＳＡによる能力構築は、ＵＮＣＬＯＳの規定に従い義務的なものとして実施されている。また、世界自然保護基金やグリーンピース等の非政府組織（ＮＧＯ）は、海洋分野を含む大学生・大学院生への奨学金やフェローシップ（給付型奨学金付きの研究員の資格）の支給、途上国政府の交渉官に対するＢＢＮＪに関する知識の強化等を目的としたワークショップを開催している。特に、ＮＧＯによるワークショップは、代表団の数やＢＢＮＪに関する専門知識を習得する機会が限られる小島嶼国等の途上国にとり、交渉能力を向上させるために一定の効果をもたらしている（Blasiak *et al.* 2017）。国レベルではアメリカの国際開発庁やドイツの経済協力開発省、イギリスの国際開発省、フランスの開発庁が代表的な能力構築支援機関として挙げられ、これらが様々な取組みを実施している。

日本は、一九五四年以降の政府開発援助（ＯＤＡ）の供与や途上国への海洋技術援助の歴史の中で大きな役割を担ってきた。日本のＯＤＡは二〇二〇年に一六三億米ドルとなり、経済協力開発機構（Ｏ

ＥＣＤ）開発援助委員会（ＤＡＣ）加盟国の中で四番目に大きい国となっている。しかしながら、日本の海洋分野における能力構築及び技術移転に関する取組みについて包括的な資料や分析がなかったことから、藤井らは、二〇一〇年から二〇二〇年までに国内の機関が実施した海洋分野におけるＣＢ＆ＴＴ関連の情報を、公開情報やインタビューをもとに集計・分析を行った（Fujii *et al.* 2022）。この調査に基づき、日本のＣＢ＆ＴＴの取組みを概観する。まず、二〇一〇年から二〇二〇年までに能力構築実施の合計件数は一五七件、投じられた予算の総額は約四四九三億円と推定された。主な実施組織は、環境省（一四件）、文部科学省（三件）、水産庁（二件）、国際協力機構（ＪＩＣＡ）（四五件）、海洋研究開発機構（ＪＡＭＳＴＥＣ）（二三件）、科学技術振興機構（ＪＳＴ）（六件）、石油天然ガス・金属鉱物資源機構（ＪＯＧＭＥＣ）（一件）、海外漁業協力財団（ＯＦＣＦ）（九件）、東京海洋大学（三三件）、東京大学（九件）、日本財団（一二件）で、支援の対象国は六〇カ国近くに上った。件数が最も多かったＪＩＣＡは、日本政府が途上国に対して行う政府開発援助（ＯＤＡ）を専門に扱う、我が国唯一の公的機関である。ＪＩＣＡが実施するＯＤＡのスキームは、技術協力、無償資金協力、円借款（低金利及び長期間の返済期間が設けられた開発資金の貸付け）の三つに大別され、海洋分野に特化した取組みは、水産資源管理を含む漁村開発系や海洋保全系等の複数の分野に類別された。

ＪＩＣＡを含めたＣＢ＆ＴＴの実施件数を分野ごとに見ると水産関連が最も多く四五・九％、次いで環境関連二五・五％、海洋学関連一二・七％、海事関連三・八％、その他一二・一％と続く（図２左）。一方で、金額の内訳を分野ごとに見ると、環境関連が四三・三％と突出して多く、次いで水産関連八・六％、海事関連一・七％、海洋学関連一・〇％、その他四五・四％となっている（図２右）。この結果は、多くの水産関連の能力構築がＯＤＡの技術協力の枠組みで実施されているのに対して（例：ＪＩＣＡによる豊かな前浜プロジェクト）、環境関連の能力構築の多くは多国間協力のもとで実施されている資金拠出であることに起因する（例：環境省による東・東南アジア生物多様性情報イニシアティブ）。また、ＣＢ＆ＴＴの実施件数を種類ごとに見ると資金援助が最も多く二八・七％、次いで技術協力二六・八％、研修・セミナー一八・五％、データ・情報共有一三・四％、共同研究一二・七％と続き、実施内容にあまり大きな偏りが見られない（図３左）。金額の内訳を種類ごとに見ると、当然ながら資金援助が全体の七九・四％を占める（次いで共同研究九・五％、研修・セミナー六・六％、技術協力四・〇％、データ・情報共有〇・五％）（図３右）。ＣＢ＆ＴＴの種類については、その実施内容の七割以上は資金援助以外の「非金銭的援助」である。政府間会議ではＣＢ＆ＴＴのための義務的資金の必要性が途上国から度々強調されるが、日本の能力構築が全体的に裨益国のニーズに沿ったものであると考えると（特にＪＩＣＡによる支援は、支援対象国の要望を慎重に検討し実施するいわゆる要請主義に基づくもの）、非金銭的援助の重要性も改めて強調される。

ＢＢＮＪ新協定のテーマごとに関連する能力構築には、例えば戦略的イノベーション創造プログラム海洋課題「革新的深海資源調査技術」のもとで太平洋島嶼国に対して実施された技術研修（ＪＡＭＳＴＥＣ）やパプアニューギニアに対して実施された生物多様性保全のための保護区政策強化プロジェクト（ＪＩＣＡ）、多数の途上国に対して実施されたＭＯＹＡＩイニシアティブ（環境省）がそれぞれＭＧＲ、ＡＢＭＴ、ＥＩＡに関連し得る（詳細については、参考文献一覧に示したそれぞれのホームページを参照されたい）。しかし、国際機関やＮＧＯ、日本の取組みを含め、その大多数は沿岸域や排他的経済水域（ＥＥＺ）内を対象としたＣＢ＆ＴＴであり、ＢＢＮＪに特化した取組みはごく少数である。さらに、Ａ

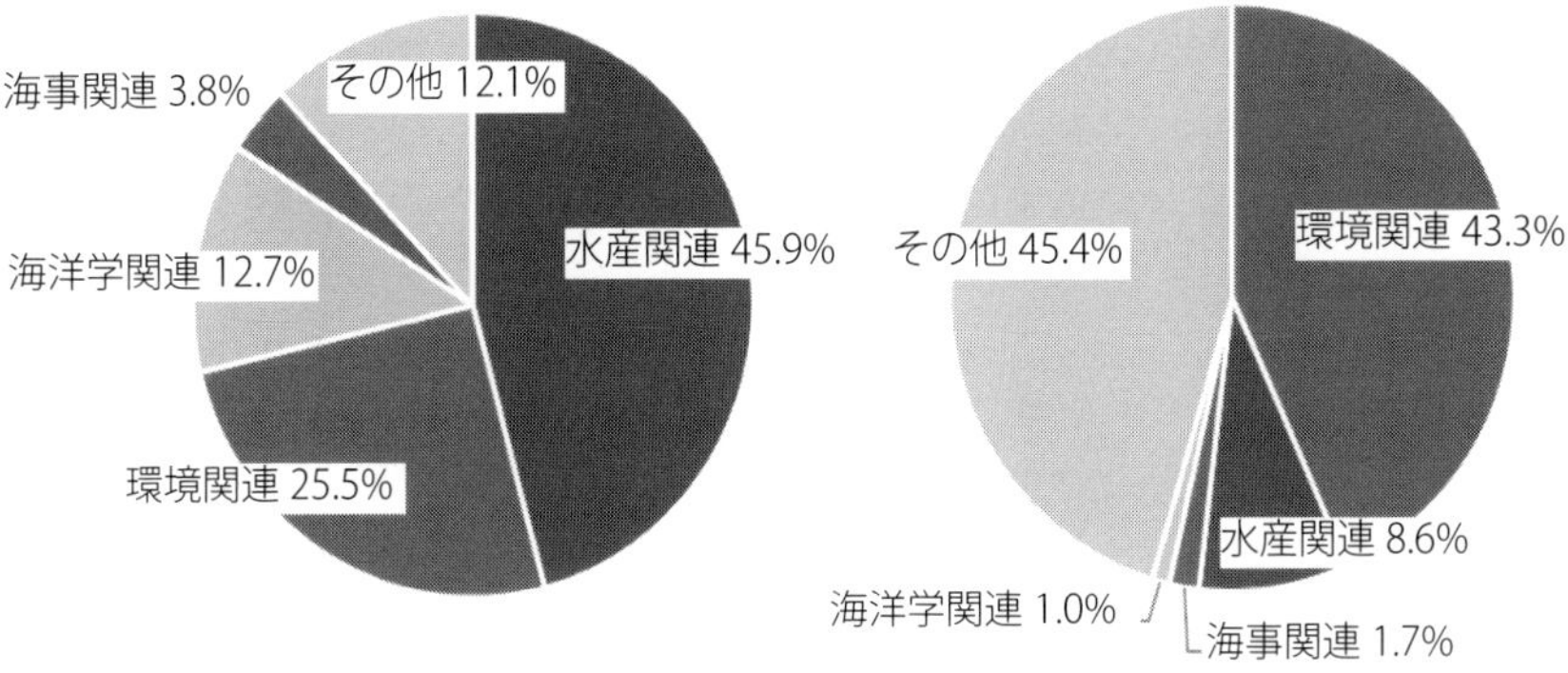

図 2　分野ごとの拠出された能力構築の状況 (Fujii *et al.* 2022 より改変) (左) 件数の割合 (n = 157)、(右) 金額の割合 (合計約 4,493 億円)

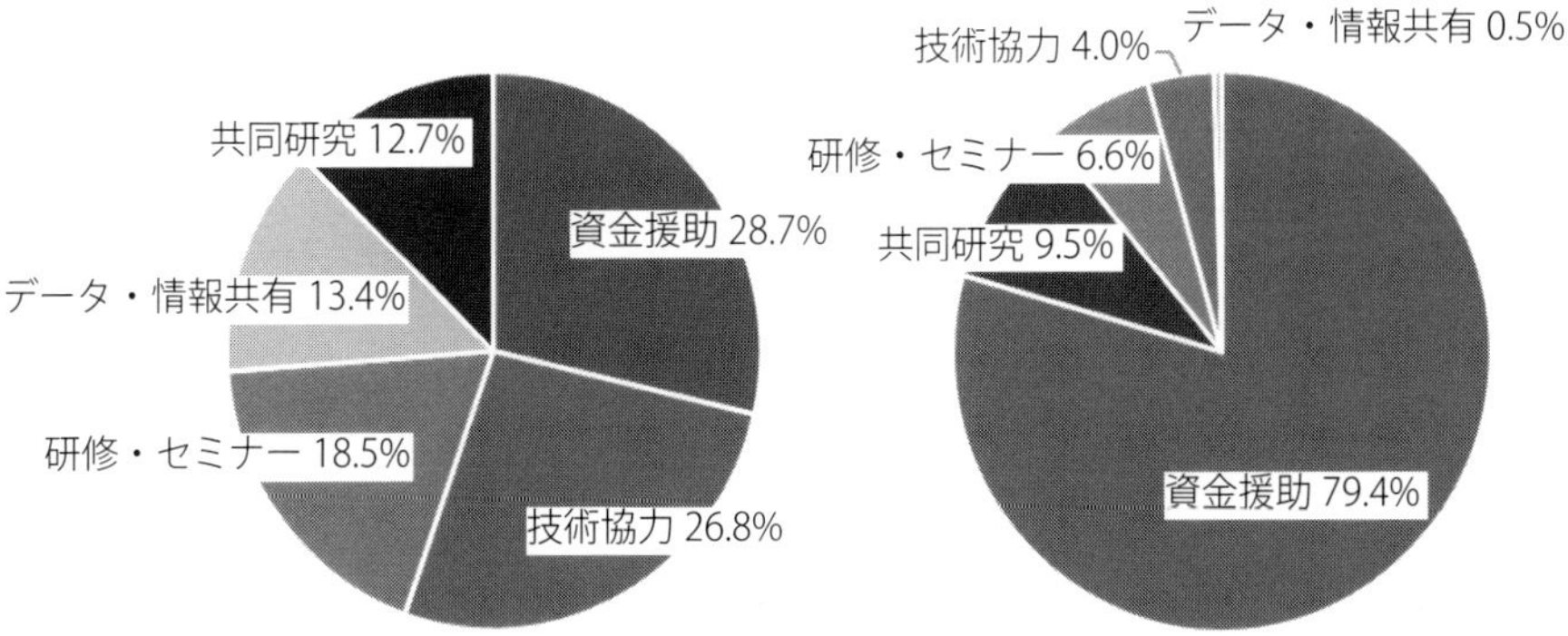

図 3　種類ごとの拠出された能力構築の状況 (Fujii *et al.* 2022 より改変) (左) 件数の割合 (n = 157)、(右) 金額の割合 (合計約 4,493 億円)

ＢＮＪの科学、とりわけＡＢＮＪのＭＧＲに関する科学の能力構築を目的とした案件は一件も確認されなかった。この現状は、途上国が政府間会議において、さらなる能力構築を要求する所以の一つであろう。

それでは、ＢＢＮＪ新協定のもとＣＢ＆ＴＴをどのように実現させるべきであろうか。Vierros and Harden-Davies によると、新協定に関連し、かつＣＢ＆ＴＴを実施するための複数の枠組みが既に存在している（Vierros and Harden-Davies 2020）。ＵＮＣＬＯＳのもとで実施されているＩＳＡコントラクタートレーニングプログラムは、既に上述した通りである。その他にＣＢＤやワシントン条約、南極の海洋生物資源の保存に関する条約、各地域漁業管理関連条約等に基づき多くの活動が既に実施されており、適切に実施されれば、ＢＢＮＪ協定案と相乗効果が高くなる可能性がある。一方で、ＢＢＮＪ新協定を締結するには、既存のＣＢ＆ＴＴに深海・外洋の側面を加えることが必要とされ、特にＭＧＲ等のまだ十分にカバーされていないテーマにも重点を置く必要がある。また今後は、ＡＢＮＪの地理的特殊性（深い海域であること等）や法的特殊性（どの国の管轄も及ばない等）に鑑み、これらに特化した取組みが求められる。さらに、新協定の実効性を高めるためには新規の資金的、組織的な措置が不可欠であることは明白である。これに対して、途上国の優先は自国の沿岸域やＥＥＺのガバナンス、これらの海域における資源の保全と持続的利用である。そのため、新協定のもとで実施されるＣＢ＆ＴＴは沿岸域、ＥＥＺ、公海の地理的・生態的つながりを意識し、これらの海域にまたがって利益をもたらすものである必要がある。ＢＢＮＪ政府間会議で各国に求められることは、ＣＢ＆ＴＴを義務化するか否かという二極化の議論ではなく、既存のＣＢ＆ＴＴがＢＢＮＪにどのような効果をもたらし得るのか、また、新協定のもとでさらにどのようなＣＢ＆ＴＴが必要であるのかという議論である。

（1）ＡＢＮＪとは公海の他に、深海底（The Area）と呼ばれる、大陸棚の外側から広がる海底からなる、二層構造の海洋空間である。

（２）ＧＥＦとは、生物多様性条約（ＣＢＤ）や気候変動枠組条約（ＵＮＦＣＣＣ）等の各条約の目標達成に向けて、開発途上国の地球環境問題に対する取組みを支援する枠組である。

参考文献

海洋研究開発機構『革新的深海資源調査技術 News Letter Vol 13』（https://www.jamstec.go.jp/sip2/j/newsletter/pdf/sip2_newsletter013.pdf）

環境省『水銀に関する水俣条約の概要』（https://www.env.go.jp/chemi/tmms/convention.html）（MOYAIイニシアティブに関する情報）

国際協力機構『生物多様性保全のためのＰＮＧ保護区政策強化プロジェクト』（https://www.jica.go.jp/oda/project/1400268/index.html）

国際協力機構『豊かな前浜計画第２フェーズプロジェクト』（https://www.jica.go.jp/oda/project/0800465/index.html）

生物多様性センター『ESABII』（http://www.esabii.biodic.go.jp/japanese/index.html）

前川美湖・藤井巌　二〇二一「国家管轄権外区域の海洋生物多様性の保全と持続可能な利用に関する新協定策定に向けた国連における交渉過程の分析と展望－能力構築及び海洋技術移転の議論を中心に」『日本海洋政策学会誌』第一一号：五五―六九

Blasiak *et al.* 2016, Local and regional experiences with assessing and fostering ocean health, Marine Policy,

71, 54-59.

Cicin-Sain *et al.* 2018, A Policy Brief on Capacity Development as a Key Aspect of a New International Agreement on Marine Biodiversity Beyond National Jurisdiction (BBNJ) (file:///C:/Users/spfuser/Downloads/policy-brief-on-bbnj-capacity-development-dec-2018-email-version.pdf)

De Santo *et al.* 2020, Stuck in the middle with you (and not much time left): The third intergovernmental conference on biodiversity beyond national jurisdiction, *Marine Policy,* 117, 103957.

Fujii *et al.* 2022, Implications of existing capacity building efforts for the conservation and sustainable use of marine biological diversity of areas beyond national jurisdiction: A case study of Japan, *Marine Policy*, 138, 105004.

Vierros and Harden-Davies 2020, Capacity building and technology transfer for improving governance of marine areas both beyond and within national jurisdiction, *Marine Policy*, 122, 104158.

コラム●ＢＢＮＪ交渉の裏側

樋口恵佳

はじめに

筆者は笹川平和財団海洋政策研究所（OPRI-SPF、以下「ＯＰＲＩ」）に在籍していた当時、ニューヨークの国連本部でＢＢＮＪ交渉をウォッチングする機会に恵まれた（初めての参加は、政府間交渉の前に行われた二〇一六年の準備委員会第二回会合だった）。

本コラムの題は「ＢＢＮＪ交渉の裏側」である。「裏側」と言っても、条約交渉官の心情を詳らかにしたり、秘密の合意があったことを示唆したりする内容ではない。このコラムでは、非政府組織（ＮＧＯ）の参加や、会議場の様子、本交渉の休憩中に行われるサイドイベントなどを題材として、「ＢＢＮＪ交渉」という場には確かに存在するものの、公式の決議や会議録からは読み取りづらいことを中心に紹介する。肩の力を抜いてご覧いただければ幸いである。

協議資格を持つＮＧＯの参加

ＢＢＮＪの交渉会議は、政府代表だけではなく多様な参加者の会議出席を認めている[A/RES/72/249, para 12-15]。ここでの多様な参加者とは、国連の専門機関の代表、国連総会が認めたオブザーバー、過去に特定の会議に参加した国際団体、地域機関の代表、過去の特定の会議に参加を認められたＮＧＯ、国連の経済社会理事会の協議資格を有するＮＧＯである（ＯＰＲＩは、「国連の経済社会理事会の協議資格を有するＮＧＯ」として参加）。

国連の経済社会理事会の協議資格、と言って話の通じる方は稀な方かと思う。国連憲章の条文のうち、第二条四項であるとか第二五条、第五一条、第九二〜九六条、第一〇三条などが学部の国際法履修者にとっての花形条文かなと察するところであるが、実は第七一条に経済社会理事会とＮＧＯとの協議に関する条文がある。この条文に基づき、経済社会理事会はNGOとの協議を行っている（経済社会理事会は一九四六年から資格承認をはじめているが、現在のシステムができたのは一九九六年である［ECOSOC Resolution 1996/31］）。

このNGOの協議資格は三つに分けられ、総合（General）、特別（Special）、ロスター（Roster）資格と呼ばれるが、それぞれ資格取得の条件と参加できる会議の範囲が異なる。会議で発言権があるのは総合資格と特別資格である。なお、OPRIは海洋分野で特別資格を得ている。

これから国際交渉に参加したいと思うNGOがいらっしゃれば、ぜひ経済社会理事会の「NGO Branch」というウェブサイトを見て挑戦してみてほしい。前年度六月一日までの申請が、翌年のNGO委員会（年二回、第一期一―二月と第二期五―六月開催）で審議される。すなわち申請から承認までは一年程度かかる可能性があるので、準備は計画的に行う必要がある。

会議場の様子

席の序列

さて、いざ協議資格を得て会議出席がかなったら、次は交渉の行われる会議室に入ることになる。政府代表が座るのは前の方の席である（ご存知の方も多いかと思うが、アルファベット順に並んでいる）。その後ろがオブザーバーの席であり、政府代表のすぐ後ろに座るのは、バチカン等の準国家や国連に関係の深い国際機関である。その後ろには、会議での発言権がある国際機関や協議資格を持つNGOの代表者が座る。ここまでの人間は、マイクやコンセントがついた立派な机と椅子に座ることができる。

会議場の一番後ろのエリアは、椅子のみ（大学や貸し会議室等によく見られる、椅子に備え付けの小さいテーブルはある）で構成された完全自由席となっており、前の方の席に座りきれなかった団体の人や、発言権のないNGOの人間が座って一心不乱にメモをとってい

右側の一番手前に座っているのは、非公式ワーキンググループのファシリテーターの一人であるAlice Revell である。スクリーン横には笹川平和財団 (SPF) のバックパネルが確認できる。このバックパネル、折りたたむと銀色の筒に収納され持ち運びに便利になるのだが、国連に入場する際の手荷物検査では非常に入念にチェックされる。見た目が武器のように見えるのだろうか。

第 1 回政府間交渉 (2018 年) の際、OPRI が各機関と共催した、能力構築等に関するサイドイベントの様子（出典：https://www.spf.org/spfnews/information/20180912.html）

る。私もここに座ってやはり一心不乱にメモをとっていた。

皆ＰＣでメモをとるが、一日の終わりごろにはＰＣの電池がなくなってくる。しかし手近なコンセントがないので、後ろにある数個しかない電源の奪い合いになる。テーブルタップを持ち込む人がいないかなと期待して過ごしていたものだが、国ごとにコンセントの規格が違うからだろうか、荷物になるからだろうか、見たことがない。

メモの取り方も様々で、ＩＩＳＤという会議録団体は、二〇一七年の第四回準備委員会の時点では指でＰＣをたたいていたが、二〇一八年の第一回政府間交渉では音声入力の自動筆記システムでＰＣを触らずにメモをとっていた。テクノロジーの使いどころを目の当たりにした瞬間であった。

ユーモア

会議中、政府代表は基本的に周到に準備された発言のみを行う。間違いや誤解があっても困るので、口頭での説明に余る事項については「後ほど書面で提出します」が常套句になる。ただし、各会期の閉会セッションだけは、少しだけくだけた雰囲気で発言が行われることがある。

政府代表のコメントで個人的に一番面白いと感じたのが、ナウル代表が述べた「今日を国際ヨガ・デーにしてもいいくらい我々は柔軟になった（flexible）」である（会場でもかなりうけていた）。これはまだ交渉が準備委員会の段階で、あらゆる論点が今後へ留保される中、we're flexibleという単語が飛び交った会期を受けての巧みな発言であった。手元のメモによればナウル代表はこのネタをのちの会期（第四回準備委員会）の閉会セッションでも使っていたので、もしかしたら別の会議でも使いまわしている鉄板ネタなのかもしれない。

また、第二回準備委員会の閉会セッションにおいて、会議開催者や議長へのお礼のコメントと共に、発言の最後に自国の言葉で「ありがとう」と言う流れになった回があった。次々と繰り出される各国の言語での「ありがとう」に、改めて国連という場が多様な文化的背景を持った国家の集まりであるということが感じられ、感動を覚えた記憶がある（その後同じような流れにはついぞ出会わなかった）。日本政府の長沼交渉官（当時）が英語の挨拶の最後に、日本語で「ありがとうございました」と述べたときには、英語漬けでクタクタの会議の終わりに涙腺が緩んだ記憶がある。そんな中で、パプアニューギニア代表が「わが国には八〇〇の言語があるので、『ありがとう』に関しては後ほど書面で提出します」と言って会場を沸かせた。

参加の意義—サイドイベントの開催

現在、ＢＢＮＪの政府間交渉の様子は国連のウェブサイトにあるWebcastを通じて、白宅の布団の中にいても見ることができる。それでは、高い旅費と少なくない時間をかけ、早起きして列に並んで入場パスを入手し、交渉の場に直接参加する意義とはなんだろうか。その理由の一つが、サイドイベントの開催と他のサイドイベントへの参加である。

サイドイベントとは、条約交渉や、既にできた条約の締約国会議（いわゆるＣＯＰ）の期間中に実施される、交渉内容に関係する勉強会や活動報告等のイベントである。開催主体は多様で、政府関係者や国際機関、ＮＧＯや企業団体、学術団体等が開催する。

これらの団体が、少なくない費用を投じてサイドイベントを開催する目的は、交渉の場で発言権がある国家代表に対し、何かしらの情報のインプットを行うことである。ＢＢＮＪの準備委員会や政府間交渉のサイドイベントでも例に漏れず、交渉を円滑に進行させるため、論点に関連する科学的知見の勉強会が行われたり、国家や国際機関が自らの実績報告を行ったりしている。

ただしこれらのサイドイベントの内容は、開催団体が交渉参加者へインプットさせたい内容が中心となるため、内容が学問的に中立的なものになっている保証はない。他の団体のサイドイベントに参加し、内容に疑義があればそこで直接疑問を提示し、自分たちの意見を述べていくことも重要になってくる。

さて、ＢＢＮＪ交渉においては、昼食休憩中の時間にサイドイベントが開催される。昼休憩の同じ時間に二〜三つのサイドイベントが重複して開催されるので、交渉参加者は、毎回どのサイドイベントに参加するかを選択することになる。もちろん、サイドイベントに参加せずに外のレストランにご飯を食べに行くことも自由である。

ＢＢＮＪの交渉において、昼食休憩は一三時から一五時まで二時間取られている（Programme of work を見るとスケジュールがわかる。例えば、A/CONF.232/2019/3）。対してサイドイベントは一三時一五分から一四時半までの時間で開催されることになっている。

したがってサイドイベントに参加していると、国連本部の外へ行って、レストランでゆっくりランチを食べる時間はない。サイドイベントは小会議室で実施されるため、基本的に飲食禁止である。日本の学会のように飲み放題のコーヒーとおやつが用意される専用の部屋があろうはずもなく、参加しようとすれば、国連本部の購買でスープやサンドイッチ大急ぎで買って、それを会議室でコッソリ食べながら参加するか、それを数分で詰め込んで参加することになる。

資金に余裕のある団体がサイドイベントを開催する際には、（そのサイドイベントの）参加者用に、開催場所の近くでサンドイッチ等の軽食を無料で用意することがある。必ず長蛇の列ができるので集客に一役買っているのは間違いない。たまにサンドイッチだけを食べて参加しない不届きものもいるので注意だ。

このような無料の軽食が、交渉参加者が参加サイドイベントを選ぶための大事な指標の一つになっており、開催者側もそれを狙っていることは言うまでもない。

サイドイベントの内容

ＢＢＮＪ交渉のサイドイベントは、前節で述べたように、大まかに分ければ勉強会と実績報告で構成されている。

勉強会の性格が強いものとしては、海洋遺伝子資源（ＭＧＲ）の開発や利用に関するプロセスについてのサイドイベントがある。開発にかかる資金や時間、知的財産権の問題、漁業資源との関係などに関して、専門知識を持つ専門機関や科学者が、非専門家にもわかりやすいプレゼンテーションを行うことで、交渉の参加者たちの知識を増やしていく。例えば国際法学者が既存の法制度を分析したうえで法的欠陥と交渉の課題を指摘するといったような、社会科学的でかつ論点全体と関連するような勉強会的サイドイベントもあった。

実績報告の性格が強いサイドイベントは、ＢＢＮＪ交渉の全ての論点（すなわちＭＧＲと利益配分、区域型管理ツール、環境影響評価、能力構築及び海洋技術移転、その他分野横断的事項）で見られるが、中でも区域型管理ツールと能力構築及び海洋技術移転に関するものの数が多い。例えば、国連環境計画（ＵＮＥＰ）は自らがこれまで閉鎖性水域の海洋汚染の管理などを目的として実施してきた地域海計画の実績を提示するようなサイドイベント、国連食糧農業機関（ＦＡＯ）はこれまでの公海漁業の規律と特定の区域型管理ツール（ＶＭＥと呼ばれる）の成果報告を、ユネスコ政府間海洋学委員会（ＵＮＥＳＣＯ／ＩＯＣ）や国際海底機構（ＩＳＡ）はこれまでの能力構築の実績をアピールするような内容のサイドイベントを繰り返し実施している。

ほかにも、国家自身が、自国の提案する手法の正当性をアピールするため、国家実行や国内での知見の提供を行うサイドイベントがある。国家と学術団体、国家とＮＧＯが協力して実施する大規模なサイドイベントも存在する。

さらに、条約ができることで影響を受けかねない産業団体（海底ケーブル保護委員会など）が、自分たちの活動はＢＢＮＪに影響しないのだとアピールするようなサイドイベントも実施されてきた。

忙しい交渉官を対象に、直接自分たちの意見を届けられるというのはまたとない機会である。そのような交渉官が、会議中にサイドイベントの内容に言及することがある。サイドイベントの成果が顕著にあらわれた瞬間であるといえるだろう。

おわりに

政府間交渉の議長はシンガポールのレナ・リーが務めている。彼女はいかに交渉が難航している場でもその場の空気を悪くせず、しかも譲らずに場の緊張を和らげるコメントができる方で、ファシリテーターの才覚を体現したような方である。幅広い立場からのインプットを貰おうと心をくだいていて、第一回政府間交渉の際、「ＮＧＯ会合」が呼びかけられたことがあった。

小会議室に参加ＮＧＯの代表が集められ、和やかな雰囲気で議長自らテーブルについて、ＮＧＯの代表らと意見交換を行った。そのころは、議長が準備する条文案のゼロ・ドラフトの準備時期が一番関心を集めていて、ＮＧＯから議長に質問が多く寄せられていた。その会合の場で伝えられたＮＧＯからの要求としては、サイドイベントの情報をウェブサイトに集約してほしい、といったものがあった。さて、この会合の成果かはわからないが、現在のＢＢＮＪ交渉の公式ウェブサイトには、「サイドイベント」がホーム画面で表示されるタブに含まれている。

二〇二二年の八月には、第五回政府間会合が開催される。一つ前の二〇二二年三月に開催された第四回政府間会合は、ＣＯＶＩＤ‐１９の流行さえなければ二年前に妥結していたはずの会合である。この間に、世の中はオンラインでの会議や手続きが瞬く間に発達し、イベントのオンライン開催も全く珍しくなくなった。

今後、国連の会議の方法も変化していくに違いない。私がここで記載した「ＢＢＮＪ交渉の裏側」も、時代遅れのものとなっていく。そうなった場合は、一つの時代をうつしとった資料としてこのコラムを読んでみてほしい。

おわりに

世界的に記録的な猛暑を迎える中、ニューヨークの国連本部においてＢＢＮＪ交渉が最終局面を迎えたものの条約の合意には至らず、政府間会議を一時休会、改めて交渉を再開することとなった。果たして国連海洋法条約（ＵＮＣＬＯＳ）のもと、新実施協定は、どのタイミングでまとまるのか。筆者は、笹川平和財団 海洋政策研究所の職員として、二〇一六年から始まったＢＢＮＪ準備委員会から継続してオブザーバー参加し、条約作成の具体的な作業と交渉の趨勢を間近で見てきた。今夏のＢＢＮＪ政府間会議（ＩＧＣ５）に至るまでに、ＢＢＮＪの問題が提起されてから実に三〇年近くが経過している。公海域の海洋生物や生物資源の扱いに関するこの国際交渉に関して、各国が歩み寄った議題もあるが、対立構造がより先鋭化し解決の糸口が見えない課題も多く、特に海洋遺伝資源へのアクセスとの開発の問題およびその利益配分については、二〇二二年七月に提示された条約案のテキストでも複数のオプションが併記されたままである。全体としては、開発途上国が求めてきた利益配分や先進国による費用負担に関する要求のレベルを、交渉の妥結に向けて少しずつ下げてきているようにも思える。

本著は、このＢＢＮＪの問題を理解するのに欠かせない国際海洋法、生態学、水産学、生物工学、海底鉱物資源開発などを専門とする一八名の日本を代表する学者、研究者、実務家、ジャーナリストの方々に執筆頂いた。本著を通じて、普段なかなか身近に感じることが難しい「公海」の実態や海洋生物多様性の神秘と海洋科学研究の最先端、そしてこの広大な海洋が人類にもたらす恵みについて理解を深めて頂き、「みんなの海」である「公海」および「深海底」をいかに保全し、持続可能なかたちで利用していくべきか、その国際的な枠組みや方策について、思いを馳せて頂けたらと考えた。関心を有する一般読者、ジャーナリスト、学生、特に高校生のようにこれから進路を考える若者、そして政府の関係者など幅広い読者を想定し、難解な専門用語はなるべく避け、専門用語を用いる際にはできるだけ丁寧に解説することを心がけた。通読して頂いても、自身の興味に応じて好きな章からお読み頂いても構わない。本著を通じて、海の魅力や海の生物や生態系が直面している環境の変化、海洋法の奥深さ、国際交渉の醍醐味を味わって頂けたら幸いである。

交渉の行く末を見通すのは困難であるが、今まで合意された二つの実施協定、すなわち一九九四年の「深海底制度実施協定」と一九九五年の「国連公海漁業協定」策定の際には、どのような国際的な政治背景があったについて簡単に振り返り、BBNJ交渉のヒントにしてみたい。まず、第一の国連海洋法条約の第一一部を大幅に改定するかたちで採択された「深海底制度実施協定」では、深海底の鉱物資源を「人類の共同財産」とし、その権利は人類全体に付与され、国際海底機構（ISA）がそのために行動するという基本原則は維持したまま、修正事項として、ISAの総会の弱体化とセットで理事会の強化、ISA活動や経費を必要最小限にすること、生産制限方式にかわって鉱物資源開発をより商業的な規則に従って行うことなどが決定された。そして、第二の「国連公海漁業協定」では、国際的に利用される資源の保存・管理を目指して、公海水域におけるストラドリング魚類およびマグロなどの高度回遊性魚類の漁獲について地域漁業管理機関が中心的な役割を担い、多国間による管理体制が敷かれることとなった。これらの採択を可能にした背景には、①新しい科学的知見の発見（一九六〇年代の海底地下資源の発見、漁業資源量の低下と科学的管理手法の確立）、②国際政治上の大きなパラダイムシフト（人類の共同財産概念を後押しした新国際経済秩序（ＮＩＥＯ）や、東西冷戦の終結による両陣営の歩み寄りを背景とした第一一部修正案の妥結、リオの地球サミットで示された持続可能な開発の考え方）、③地球環境問題や自然資源量の変化や低下に関する共有された危機感、④アメリカ、ソ連（当時）、ヨーロッパ諸国など、大国の政権による国益に対する立場と利害・妥協点の一致、などが考えられるのではないだろうか。

これら四つの条件や、交渉に有利な環境が果たしてＢＢＮＪ新協定案の合意達成のために整っているであろうか。さらに、地球公共財の供給を目指す国際環境協定（ＩＥＡ）に向けた合意形成過程についていて、コース交渉の条件を借りるなら、海洋環境保全の供給が達成される要件として、①当事者全員の参加、②権利関係の確定、③完全情報、が挙げられる。ＵＮＣＬＯＳは、海洋環境保全のみならず、海洋の秩序全体を規定する法体系であること言うまでもないが、上記の条件を満たすかたちで、ＢＢＮＪ新協定案が採択される可能性は、現時点では理論上も実際的にも低いと言わざるを得ないだろう。

ただ、本著でも論じられているように海洋生物多様性の危機は待ったなしであることも忘れてはならない。広大な海洋はあたかも無限のキャリング・キャパシティー（収容力）を有しているかのように思えたが、実は限界があることを多くのデータや科学的研究が示している。人間活動が、海洋空間そして海洋環境に様々なかたちで影響を及ぼしているのだ。ＵＮＣＬＯＳの採択により、「海洋の自由」から「海洋の管理」の時代へと変化を遂げたと言われる。この表現には、実は以前から多少の違和感を覚える。管理するべきは、海洋ではなくむしろ人間自身の行動ではないだろうか。海を前にすると、自身は謙虚な気持ちになり、「怖い」とすら感じることが多い。この海洋に向き合う際に、科学を推し進め、学際的なアプローチにより新しい海洋秩序を構築し、変化の激しい地球環境問題に迅速に対応できるのか、ＢＢＮＪ交渉の成否を通じて多くのことが試されている。
最後に、ご多忙の中、執筆を引き受けて下さった著者の皆様、本著の企画を強く勧めてくれた笹川平和財団角南篤理事長、同財団編集協力者の角田智彦氏、編集者の岩永泰造氏に心から御礼申し上げる。また、公益財団法人 日本財団に深く謝意を表したい。

二〇二二年九月

（公財）笹川平和財団海洋政策研究所
前川美湖

略語一覧

ABMT	Area-based Management Tool	区域型管理ツール
ABNJ	Areas Beyond National Jurisdiction	国家の管轄権の外の区域（国家管轄権外区域）
BBNJ	Biodiversity Beyond National Jurisdiction (marine biological diversity of areas beyond national jurisdiction)	国家管轄権外区域の海洋生物多様性
CHM	Common Heritage of Mankind	人類の共同財産
CB&TT	Capacity-building and Transfer of Marine Technology	能力構築および海洋技術移転
DOALOS	Division for Ocean Affairs and the Law of the Sea	国連海事・海洋法課
EIA	Environmental Impact Assessment	環境影響評価
ICP	United Nations Open-ended Informal Consultative Process on Oceans and the Law of the Sea	海洋と海洋法に関する国連非公式協議プロセス（非公式協議プロセス）
IGC	Intergovernmental Conference (Intergovernmental Conference on an international legally binding instrument under the United Nations Convention on the Law of the Sea on the conservation and sustainable use of marine biological diversity of areas beyond national jurisdiction (General Assembly resolution 72/249))	ＢＢＮＪ政府間会議
ILBI	International Legally Binding Instrument	法的拘束力のある文書
MGR	Marine Genetic Resources	海洋遺伝資源
MPA	Marine Protected Area	海洋保護区
PrepCom	Preparatory Committee (Preparatory Committee established by General Assembly resolution 69/292: Development of an international legally binding instrument under the United Nations Convention on the Law of the Sea on the conservation and sustainable use of marine biological diversity of areas beyond national jurisdiction)	ＢＢＮＪ準備委員会
RFMO	Regional Fisheries Management Organizations	地域漁業管理機関
SEA	Strategic Environmental Assessment	戦略的環境評価（戦略的環境アセスメント）
UNCLOS	United Nations Convention on the Law of the Sea	国連海洋法条約
IOC-UNESCO	Intergovernmental Oceanographic Commission of UNESCO	ユネスコ政府間海洋学委員会

執筆者一覧（執筆順：肩書は 2022 年 3 月現在）

阪口秀：公益財団法人笹川平和財団海洋政策研究所所長

第 1 部

坂元茂樹：神戸大学名誉教授

第 2 部

井田徹治：環境ジャーナリスト

白山義久：国立研究開発法人海洋研究開発機構、京都大学名誉教授

竹山春子：早稲田大学理工学術院教授

西川洋平：早稲田大学ナノ・ライフ創新研究機構次席研究員

丸山浩平：早稲田大学研究戦略センター 教授

森下丈二：東京海洋大学海洋政策文化学部門教授

岡本信行：ISA-LTC、独立行政法人石油天然ガス・金属鉱物資源機構

藤井麻衣：公益財団法人笹川平和財団海洋政策研究所

幡谷咲子：公益財団法人笹川平和財団海洋政策研究所

第 3 部

西本健太郎：東北大学大学院法学研究科教授

本田悠介：神戸大学大学院海事科学研究科准教授

八木信行：東京大学大学院農学生命科学研究科教授

瀬田真：横浜市立大学都市社会文化研究科准教授

藤井巌：公益財団法人笹川平和財団海洋政策研究所

前川美湖：公益財団法人笹川平和財団海洋政策研究所

樋口恵佳：東北公益文科大学公益学部准教授

坂元 茂樹

神戸大学名誉教授。1950 年長崎市生まれ。専門分野は国際法。琉球大学、関西大学、神戸大学、同志社大学を経て、現在、（公財）人権教育啓発推進センター理事長。著書に『日本の海洋政策と海洋法［増補第２版］』『防衛実務国際法』『ブリッジブック国際人権法［第２版］』『人権条約の解釈と適用』『国際海峡』『侮ってはならない中国―いま日本の海で何が起きているのか』『国家管轄権外区域に関する海洋法の新展開 』など多数。

前川 美湖

海洋政策研究所主任研究員 。1996 年上智大学文学部卒業後、（財）貿易保険機構（当時）、1999 年に英国イースト・アングリア大学大学院修了。2000 年から国連開発計画（UNDP）で、北京、ニューヨーク、ルワンダ事務所で、環境・エネルギープロジェクトを中心に担当。2012 年に東京大学総括プロジェクト機構「水の知」講座 特任助教、2013 年に大阪大学 大学院人間科学研究科 グローバル人間学専攻 特任講師、2015 年より現職。

編集協力：公益財団法人笹川平和財団海洋政策研究所
（角田智彦）

海洋政策研究所は、造船業等の振興、海洋の技術開発などからスタートし、2000 年から「人類と海洋の共生」を目指して海洋政策の研究、政策提言、情報発信などを行うシンク・タンク活動を開始。2007 年の海洋基本法の制定に貢献した。2015 年には笹川平和財団と合併し、「新たな海洋ガバナンスの確立」のミッションのもと、様々な課題に総合的、分野横断的に対応するため、海洋の総合的管理と持続可能な開発を目指して、国内外で政策・科学技術の両面から海洋に関する研究・交流・情報発信の活動を展開している。https://www.spf.org/opri/

海の生物と環境をどう守るか
海洋生物多様性をめぐる国連での攻防

2022 年 10 月 10 日　初版第１刷発行

編著者　坂元茂樹《さかもとしげき》・前川美湖《まえかわみこ》

発行者　内山正之

発行所　株式会社 西日本出版社
〒564-0044　大阪府吹田市南金田1－8－25－402
［営業・受注センター］
〒564-0044　大阪府吹田市南金田1－11－11－202
TEL 06－6338－3078　fax 06－6310－7057
郵便振替口座番号　00980－4－181121
http://www.jimotonohon.com/

編　集　岩永泰造

ブックデザイン　尾形忍（Sparrow Design）

印刷・製本　株式会社 光邦

ISBN 978-4-908443-44-2